机械制造与自动化技术探索

孙　娜　张莹莹　朱江波　著

吉林科学技术出版社

图书在版编目（CIP）数据

机械制造与自动化技术探索 / 孙娜，张莹莹，朱江波著. -- 长春 : 吉林科学技术出版社，2024.3

ISBN 978-7-5744-1240-8

Ⅰ. ①机… Ⅱ. ①孙… ②张… ③朱… Ⅲ. ①机械制造－自动化技术－研究 Ⅳ. ① TH164

中国国家版本馆 CIP 数据核字（2024）第 069124 号

机械制造与自动化技术探索

著　　孙　娜　张莹莹　朱江波
出 版 人　宛　霞
责任编辑　吕东伦
封面设计　树人教育
制　　版　树人教育
幅面尺寸　185mm×260mm
开　　本　16
字　　数　280 千字
印　　张　12.625
印　　数　1~1500 册
版　　次　2024 年 3 月第 1 版
印　　次　2024 年12月第 1 次印刷

出　　版　吉林科学技术出版社
发　　行　吉林科学技术出版社
地　　址　长春市福祉大路5788 号出版大厦A 座
邮　　编　130118
发行部电话/传真　0431-81629529 81629530 81629531
81629532 81629533 81629534
储运部电话　0431-86059116
编辑部电话　0431-81629510
印　　刷　廊坊市印艺阁数字科技有限公司

书　　号　ISBN 978-7-5744-1240-8
定　　价　80.00元

前 言

机械制造是一个集材料、设备、工具、技术、信息、人力资源、资金等，通过制造系统转变为可供人类使用的产品的过程。机械制造业的先进与否标志着一个国家的经济发展水平。在众多国家尤其是发达国家，机械制造业在国民经济中占有十分重要的地位。随着科技日益进步和社会信息化的不断发展，全球性的竞争和世界经济的发展趋势使得机械制造产品的生产、销售、成本、服务面临着更多外部环境因素的影响，传统的制造技术、工艺、方法和材料已经不能适应当今社会的发展需要。计算机技术、信息技术、自动化技术在制造业中的广泛应用与传统的制造技术相结合形成了现代化机械制造业，企业的生产经营方式发生了重大变革。

制造自动化是人类在长期的生产活动中不断追求的主要目标之一。制造自动化的概念最早是由美国人 D.S.Harder 于 1936 年提出的，其内容仅仅包括制造过程物料搬运自动化。在经历了一段时间的研究和发展之后，制造自动化实现了从毛坯投入生产开始到产品零件全过程的自动化。近 30 年来，随着科学技术的不断进步，尤其是制造技术、计算机技术、控制技术、信息技术和管理技术的发展，制造自动化技术的内容也不断丰富和完善，它不仅包括传统意义上的加工过程自动化，而且包括对制造全过程的运行规划、管理、控制与协调优化等的自动化。

机械制造自动化技术是一门跨学科的内容体系，它不仅包括机械领域的设计和制造内容，而且包括控制、检测、管理和信息处理等方面的内容，同时机械制造自动化技术又是一门不断发展的学科。因此，本书在内容编排上，既注重与工程应用相结合，又注意与当前科技发展的前沿相结合，着力做到各章内容既相互独立又相互衔接，以利于读者了解和掌握其基本概念和应用常识，逐步培养学生解决工程实际问题的能力。

由于笔者水平和能力有限，书中难免存在错误与遗漏，在此诚恳地希望各位专家、学者和广大读者批评指正，提出宝贵意见，以便今后进一步完善。

目 录

第一章　机械制造综述

第一节　机械制造与制造业

一、机械制造的含义

机械是现代社会进行生产和服务的六大要素（人、资金、能量、信息、材料和机械）之一，并且能量和材料的生产还必须有机械的直接参与。机械就是机器设备和工具的总称，它贯穿现代社会各行各业、各个角落，任何现代产业和工程领域都需要应用机械。例如，农民种地要靠农业工具和农机，纺纱需要纺织机械，压缩饼干、面包等食品需要食品机械，炼钢需要炼钢设备，发电需要发电机械，交通运输业需要各种车辆、船舶、飞机等；各种商品的计量、包装、存储、装卸需要各种相应的工作机械。就连人们的日常生活，也离不开各种各样的机械，如汽车、手机、照相机、电冰箱、钟表、洗衣机、吸尘器、多功能按摩器、跑步机、电视机、计算机等。总之，现代社会进行生产和服务的各行各业都需要各种各样不同功能的机械，人们与机械须臾不可分离。

大家都知道，而且都能够体会到上述各行各业的各种不同机械和工具的重要性。但这些机械是哪里来的？当然不是从天上掉下来的，而是依靠人们的聪明才智制造生产出来的。“机械制造”也就是“制造机械”，这就是制造的最根本的任务。因此，广义的机械制造含义就是围绕机械的产出所涉及的一切活动，即利用制造资源（设计方法、工艺、设备、工具和人力等）将材料“转变”成具有一定功能的、能够为人类服务的有用物品的全过程和一切活动。显然“机械制造”是一个很大的概念，是一门内容广泛的知识学科和技术。而传统的机械制造则泛指机械零件和零件毛坯的金属切削加工（车、铣、刨、磨、钻、镗、线切割等加工）、无切削加工（铸造、锻压、焊接、热处理、冲压成型、挤压成型、激光加工、超声波加工、电化学加工等）和零件的装配成机。

制造业是将制造资源（物料、能源、设备、工具、资金、技术、信息、人力等），通过一定的制造方法和生产过程，转化为可供人们使用和利用的工业品与生活消费品的行业，是国民经济和综合国力的支柱产业。

制造系统是制造业的基本组成实体，是制造过程及其所涉及的硬件、软件和人员组成的一个将制造资源转变为产品的有机整体。

机械是制造出来的，由于各行各业的机械设备不同、种类繁多，因此机械制造的涉及面非常广，冶金、建筑、水利、机械、电子、信息、运载和农业等各个行业都要有制造业的支持，冶金行业需要冶炼、轧制设备；建筑行业需要塔吊、挖掘机和推土机等工程机械。制造业在我国一直占据着重要地位，在20世纪50年代，机械工业就分为通用、核能、航空、电子、兵器、船舶、航天和农业等8个部门。进入21世纪，世界正在发生极其广泛和深刻的变化，随之牵动的机械制造业也发生了翻天覆地的变化。但是，不管世界如何变化，机械制造业一直是国民经济的基础产业，它的发展直接影响着国民经济各部门的发展。

二、机械制造生产过程

在机械制造厂，产品由原材料到成品之间的全部劳动过程称为生产过程。它包括原材料的运输和存储、生产准备工作、毛坯的制造、零件的加工与热处理、部件和整机的装配、机器的检验调试以及油漆和包装等。一个工厂的生产过程，又可分为各个车间的生产过程。一个车间生产的成品，往往又是另一车间的原材料。例如，铸造车间的成品（铸件）就是机械加工车间的“毛坯”，而机械加工车间的成品又是装配车间的原材料。

机器生产过程中，直接改变毛坯的形状、尺寸和材料性能使其成为成品或半成品的过程称为工艺过程。它包括毛坯的制造、热处理、机械加工和产品的装配。把工艺过程的有关内容用文字以表格的形式写成工艺文件，称为机械加工工艺规程，简称为工艺规程。

由原材料经浇铸、锻造、冲压或焊接而成为铸件、锻件、冲压件或焊接件的过程，分别称为铸造、锻造、冲压或焊接工艺过程。将铸、锻件毛坯或钢材经机械加工方法，改变它们的形状、尺寸、表面质量，使其成为合格零件的过程，称为机械加工工艺过程。在热处理车间，对机器零件的半成品通过各种热处理方法，直接改变它们的材料性质的过程，称为热处理工艺过程。最后，将合格的机器零件和外购件、标准件装配成组件、部件和机器的过程，则称为装配工艺过程。

其中，制定机械加工工艺规程在整个生产过程中非常重要。工艺规程不仅是指导生产的主要技术文件，而且是生产、组织和管理工作的基本依据，在新建或扩建工厂或车间时，工艺规程是基本的资料。在制定工艺规程时，需具备产品图纸、生产纲领、现场加工设备及生产条件等这些原始资料，并由生产纲领确定了生产类型和生产组织形式之后，才可着手机械加工工艺规程的制定，其内容和顺序如下：①分析被加工零件。②选择毛坯：制造机械零件的毛坯一般有铸件、锻件、型材、焊接件等。③设计工艺过程：

包括划分工艺过程的组成、方法、安排加工顺序和组合工序等，选择定位基准、选择零件表面的加工。④工序设计：包括选择机床和工艺装备、确定加工余量、计算工序尺寸及其公差、确定切削用量及计算工时定额等。⑤编制工艺文件。

三、机械制造生产类型

在制造过程之前，须根据生产车间的具体情况将零件在计划期间分批投入进行生产。一次投入或生产同一产品（或零件）的数量称为批量。

按年生产专业化程度的不同，又可分为单件生产、成批生产和大量生产三种类型。在成批生产中，又可按批量的大小和产品特征分为小批生产、中批生产和大批生产三种。

若生产类型不同，则无论是在生产组织、生产管理、车间机床布置，还是在毛坯制造方法、机床种类、工具、加工或装配方法和工人技术要求等方面均有所不同。为此，制定机器零件的机械加工工艺过程和机械加工工艺的装配工艺过程，以及选用机床设备和设计工艺装备，都必须考虑不同生产类型的工艺特征，以取得最大经济效益。

四、机械制造的学科分支

现代社会中任何领域都需要应用机械，机械贯穿于现代社会各行各业、各个角落，其形貌不一，种类繁多，按不同的要求可以有不同的分类方法，如按功能可分为动力机械、物料搬运机械、包装机械、灌装机械、粉碎机械、金属切削加工机械等；按服务的产业可分为用于农业、林业、畜牧业和渔业的机械，用于矿山、冶金、重工业、轻工业的机械，用于纺织、医疗、环保、化工、建筑、交通运输业的机械以及供家庭与日常生活使用的机械，如洗衣机、钟表、运动器械、食品机械，用于军事国防及航空航天工业的机械等；按工作原理可分为热力机械、流体机械、仿生机械、液压与气动机械等。另外，全部机械的整个制造过程都要经过研究、开发、设计、制造、检测、装配、运用等几个工作性质不同的阶段。因此，相应的机械制造可有多种分支学科体系和分支系统，且有的分支学科系统间互相联系、互相重叠与交叉。分析这种复杂关系，研究机械制造最合理的学科体系划分，有一定的知识意义，但并无大的实用价值。对机械制造的学科划分按其服务的产业较为明朗，但不论哪个行业的机械制造，其共性是主流的，依据行业不同的特点及要求，也有其不同的个性地方。本书涉及的都是机械制造学科的共性知识。

第二节　机械制造业与国计民生

制造业在众多国家尤其是发达国家的国民经济中占有十分重要的位置，是国民经济的支柱产业。2020 年先进制造业占规模以上工业增加值的比重达到 15.1%，相比于 2012 年提高了 5.7%。2021 年，规模以上医药制造业增加值同比 2020 年增长 24.7%；航空航天器及设备制造业、电子及通信设备制造业、计算机及办公设备制造业增加值也都分别增长 17%、18.3%、18%。以新能源汽车为例，根据中国汽车工业协会公布的数据，2021 年我国新能源汽车产量达到 354.5 万辆，市场占有率达到 13.4%，高于上年 8 个百分点；纯电动汽车产量达到 294.2 万辆，同比增长 1.7 倍。可以说，没有发达的制造业就不可能有国家真正的繁荣和富强。

国民经济各个部门的发展，都离不开先进的机械与装备，如轻工机械、化工机械、电力设备、医疗器械、通信与电子设备、农业机械、食品机械等，就连人们的日常生活，也不例外。先进发达的机械制造业为人们提供了优雅舒适的工作、生活和休闲娱乐环境。如自行车、摩托车、汽车、轿车、飞机、轮船等代步交通工具，电话、手机、计算机及网络工具等联络通信工具，冰箱、电视、DVD、空调、微波炉等现代生活必备的工具等。没有发达的制造技术，这些现实生活中的改善人们生活环境、改造自然、造福人类的先进设备便无从得来。

任何机械，大到船舶、飞机、汽车，小到仪器、仪表，都是由许多零件或部件组成的。以汽车为例，一辆汽车是由车身、发动机、驱动装置、车轮等部分构成的，其中每一部分又是由若干个零件或部件组成的。而不同的零部件又需用不同的材料（包括钢、塑料、橡胶和玻璃等）和不同的加工方法来制造。同样那些半导体行业的电子元件和大规模集成 IC 器件、晶元芯片等也是人们制造出来的。所有这些都依赖于制造业的发展，因此，机械制造关系国计民生，国计民生需要机械制造，机械制造在国民经济中具有举足轻重的作用。概括起来，它的主要作用有以下几个方面：

其一，机械制造业是国民经济的物质基础，是强国富民的根本。制造业产品占中国社会物质总产品的一半以上；制造业是解决中国就业问题的主要产业领域，其本身就吸纳了中国的从业人员，同时还有着其他产业无可比拟的带动效应。机械制造的延伸背后就是服务，如买一辆汽车，专卖店会提供一系列后续服务，创造了很多就业岗位。任何一种机械产品，都需要售后服务，这种延伸出的服务就构成了第三产业的一部分。

其二，制造业是中国实现跨越式发展战略的中坚力量。中国的工业化落后于很多国家，完全可以借助其他国家的经验后发制人。在工业化过程中，制造业始终是推动经济发展的决定性力量。

其三，机械制造是科学技术的载体和实现创新的舞台。没有机械制造，所谓的科学技术创新就无法体现。信息技术就是以传统产业为载体的，它单独存在发挥不出什么作用。

从历史上看，制造业的发展史就是一部科技发展史的缩影，每一项科技发明都推动了制造业的发展并形成了新的产业。比如计算机的发明，推动了整个工业的发展。以信息技术为代表的高新技术的迅速发展，带动了传统制造业的升级。每一次产业结构的优化升级都是高新技术转化为生产力的结果，可见，高新技术及其产业也是内含于制造业中的。

其四，制造业的发展水平体现了国家的综合实力和国际竞争力。当前，世界面临的最重要的趋势之一是经济全球化，而在经济全球化中，制造业的水平直接决定了一个国家的国际竞争力和在国际分工中的地位，也就决定了这个国家的经济地位。

世界上最大的100家跨国公司中，80%集中在制造业领域。当今世界上最发达的三个国家——美国、日本、德国，其制造业也是世界上最先进的、竞争力最强的。日本出口的产品中，机械制成品占70%以上。近年来，中国的制造业发展迅猛，德国机械设备制造联合会近期发布的数据报告显示，2012年全球机械设备产品出口总额，德国居世界第一位、美国第二、中国则超越日本升至第三位。

第三节　机械制造业与国防科技

建立强大的国防，是中国现代化建设的重要战略任务。没有强大的国防做后盾，就不可能赢得应有的国际地位，甚至在政治、经济、外交等方面受制于人。一个具有强大军事力量做后盾的国家才能有强势外交，在国家交往中才不会受人欺侮。依靠科技进步和创新，加快战斗力生成模式的转变，这是贯彻落实科学发展观与推进中国特色军事变革有机结合的关键所在，也是建设信息化军队、打赢信息化战争的必然要求。信息技术深刻地改变着战斗力生成模式。因此，实现国防现代化不容忽视。而实现国防信息化、现代化就必须大力发展国防科技和武器装备技术，机械制造业在其中发挥了不可替代的作用，因为是国防制造业提供了各式各样先进的信息化、现代化武器装备。

现代战争主要指现代政治、经济、军事和科学技术等条件下，以现代化的武器装备而展开的高技术战争，而不再像传统的以投入较多的兵力而展开的战斗。信息化引领着世界军事战争的发展趋势。

海湾战争、科索沃战争的爆发标志着战争进入了高技术局部战争的历史时期。现代战争是以使用高科技含量的现代武器装备为基本特点，高技术兵器大量地用于战场，战场的时空空前扩大，作战样式不断更新和综合运用，作战指挥更加高度集中统一，战争规模的可控性得到增强。现代化的国防，必须建立在现代高科技基础上，才能有效地实现保家卫国，保障国家和人民的财产、人身安全，保证人民安心地进行国民经济建设。现代战争中使用的激光制导技术、弹道防御系统、无人侦察机、隐形战斗机、洲际导弹、航母等先进的武器装备和工具，离不开国防科技的发展，离不开发达的制造业，离不开现代计算机技术、现代信息技术和微机电技术。总之，现代战争靠的是现代化的武器装备，而现代化的武器装备，离不开现代先进的国防科技和制造业。现代化的高科技含量武器的功能、威力越来越强大，种类众多，主要涉及陆、海、空三大类，包含单兵武器、装甲战车、战斗机、侦察机、直升机、航空母舰、巡洋驱逐舰、深水潜艇和对地、空导弹、洲际导弹等以及各种现代化的先进武器和工程装备。这些都需要强大的制造业为基础。

20 世纪 90 年代以来，随着现代制造技术的发展，许多先进的制造技术广泛用于军事武器领域，如微机电系统（MEMS）技术、机器人和仿生制造技术等。MEMS 在国防武器装备中的应用越来越多，不少产品在武器制导系统、敌我识别系统、分布式战场敏感网络、飞机灵巧蒙皮、微型机器人等方面获得应用。微机电系统制造技术是当代先进制造技术的一个新领域，它包括微机械的制造和封装、组装、试验（PAT）等一系列技术。它的国防应用前景非常广阔。而在诸多现代武器及军械中，相当一部分又是源自对动物的仿生，如当科学家从箭鱼上颌呈长针状受到启发，研制出以刺破高速飞行时产生音障的设备用于超音速飞机；从鲸的造型开发出潜水艇；从海豚头部气囊产生振动发射超声波遇到目标被反射而研制出声呐等。动物的一些特殊功能也给现代军事装备的研制以启迪。如夜蛾胸腹之间有一对叫作鼓膜器的听觉器官，可以从很强的背景噪声中分辨出蝙蝠发出的超声波，其身上厚密的绒毛还能吸收蝙蝠发射的探测超声波，从而在天敌面前处于“隐身”状态。科学家通过把夜蛾身上绒毛状的材料用于飞机、舰船等装备，大大降低了目标被雷达、红外线和超声波发现的概率。

鸽子的视网膜主要由外层的视铢体、中层的双极细胞、后层的神经细胞节以及视顶盖构成，能对亮度、边缘、方向以及运动等发生特殊反应，所以人们称鸽眼为“神目”。科学家通过模仿研制出鸽眼电子模型，用于预警雷达系统，从而提升探测能力。

响尾蛇的视力几乎为零，但其鼻子上的颊窝器官具有热定位功能，对 0.001℃的温差都能感觉出来，且反应时间不超过 0.1 秒。即使爬虫、小兽等在夜间入睡后，凭借它们身体所发出的热能，响尾蛇就能感知并敏捷地前往捕食。科学家根据响尾蛇这一奇特功能，研制出现代夜视仪、空对空响尾蛇导弹，以及仿生红外探测器。

军用微小机器人能完成人难以完成的使命。军用微小机器人最大的特点是外形小，有良好的隐蔽性，仿生物外形不会引起敌方注意，而且构造简单，制造周期短、造价低，还可以具有“群”攻击的能力，令敌方防不胜防。军用微小机器人具有超人的功能，不怕疲劳，不惧艰险，忠于职守。美国研制了多种用于军事用途的微小型机器人，如麻省理工学院研制的昆虫机器人“金菲斯”、微型飞行器等。

第四节 机械制造业与科学探索

一、机械制造业与太空探索

随着航天技术的不断发展，人类探索外层空间的兴趣及能力不断增强，各种空间飞行器被发射到太空，先行器的制造及其在装配和服役期间的连接和维护等，都离不开制造业，机械制造在其中起着很重要的作用。人造卫星在几百千米的太空中自动工作，一旦发生故障，甚至仅仅是一个螺钉松了或一根焊线断了，也可能由于无法修理而报废。如果能够派人上去修理，更换部分零件，补充一些燃料，然后重新把它送入太空为人类服务，就可以大大节省费用。然而由于在太空中，人的活动是很不方便的，所以长臂机械手承担了大部分的维修工作。机械手不但用于抓取卫星，而且在修理完毕后还要靠它将卫星放回太空，使其重新进行工作。

无论是航天飞机还是太空空间站，都少不了一样东西，那就是它们能伸向太空的巨臂——太空机械臂。自从 1981 年美国“哥伦比亚号”航天飞机在外太空首次使用机械臂以来，航天飞机机械臂承担了多次外太空精确操纵任务。例如，将航天飞机有效载荷释放进入预定轨道，帮助航天员对发生故障的航天器进行维修等。太空机械臂具有良好的实用性、可靠性和多功能等特点。美国“发现号”航天飞机发射升空过程中机壳外表隔热材料脱落，对其返回的安全性影响很大。为此，太空飞行中由宇航员走出舱外，借助于太空机械臂成功地对其进行了维护与维修。

在星球探索中，航天机器人发挥了重要作用。如 1970 年 11 月 17 日 7 时 20 分，“鲁诺寇德一号”探查机器人在月球着陆，从此揭开人类探索宇宙的新纪元。登月成功之后，美国、苏联紧接着开展登陆火星的研究工作。由于相关技术的发展，美、苏都研究利用微小型机器人进行火星探测。它的好处是成本低，研究周期短。因此，微小型化成为探测机器人的发展方向。

火星探索中，登上火星的首先是苏联 PROP-M 号小型探查机器人，该机器人的重量是 4.5 kg。随后，美国 NASA 又相继研制了用于星球探测的微小型探查机器人和纳米探查机器人。前者重量为 3.5 kg，后者重量为 0.8 kg。日本也研制了用于航空航天的 FSAS 微型探查机器人，其重量为 4.8 kg。为了能在星球表面复杂地形下行走，星球探测机器人的移动机构设计非常重要。目前微小型星球探测车大多数采用的是轮式机构如美国国家航空航天管理局研制的火星车“索杰纳”“Rokey”系列、“勇气号”和“机遇号”都是六轮行驶机构。“Nanorovcr”微型火星车是一种奇特的轮式移动机构，能够底盘朝上时自动翻转，自动矫正。由日本宇宙开发事业团（NASDA）、梅基等大学联合研制的“Micro5”是一种体积小、质量轻和低能耗的5轮行星车，日本研究的“Tri-Star Ⅰ”月球漫游车为三轮行驶机构。目前，我国各家单位研制的微型月球车也多以轮式为主，中国科学院沈阳自动化研究所针对微小型星球探测机器人的移动机构，设计了一系列的复合移动机构，其中包括“沙地一号”“沙地二号”“沙地三号”微小型移动机器人，此外中国空间技术研究院、上海航天局、哈工大、上海交大也相继研制出了轮式月球探测机器人样机。

这些星球探测机器人的制造显然离不开发达的机械制造业。美国的“发现号”航天飞机、俄罗斯的“联盟号”载人飞船实现了人类太空旅行和向国际空间站运送宇航员、物资和仪器等目标。航天飞机和载人飞船的成功发射、太空运行以及成功返回着陆的每时每刻都标志着人类取得的辉煌成就。

在太空探索中，我国是世界上继美国，俄罗斯后第三个成功实现载人航天飞行的国家。飞天梦想，千年夙愿。从“一人一天”到“多人多天”，从“绕月运行”到“与天宫对接”，“神十”的成功发射标志着我们在探索太空的伟大征程中又开启了新的篇章。这是我国高科技发展新的里程碑，是我国政府改革开放和社会主义现代化建设的又一骄人的成就，是中国人民自强不息，自主创新的又一辉煌成果。全体中华儿女为此感到无比骄傲和自豪。

载人航天是一项巨大的工程，中国从1992年开始实施的中国载人航天工程，定下了三步走的发展战略，从神一到神六，为第一步的载人飞船工程阶段；神上的飞行，开启了第二步的空间实验室阶段；第三步的发展目标是建设空间站。神舟十号的成功发射对我国航天业具有里程碑的重要意义，表明中国已经全部掌握建设和运行可供人长期居住的空间站的关键技术，中国进入应用性太空飞行时代。目前，神舟十号飞船的任务不再是试验自己，而是为天宫一号提供人员和物资运输保障，开展空间科学实验、航天器在轨维修试验和空间站等关键技术验证试验并首次开展面向青少年的太空科学讲座科普教育活动。

中国相继在2008年、2011年、2012年成功发射了“天链一号”的01、02、03号星，由此建立中国的第一代中继数据卫星系统。中国航天发展50年来，应用卫星从无到有，逐渐发展，至2023年12月，我国目前在轨稳定运行的空间基础设施卫星有300余颗，包括遥感卫星、导航卫星、通信卫星、空间探测卫星和技术试验卫星等多种类型，形成了海洋卫星系列、气象卫星系列、资源卫星系列、环境卫星系列、北斗导航定位卫星系列、通信广播卫星系列等卫星系列，基本构成了应用卫星体系，为卫星应用的发展奠定了基础。2013年2月28日10点18分，嫦娥二号卫星与地球间距离成功突破2000万千米；北斗卫星导航系统已在全球应用；风云四号初样鉴定星开始结构总装，中国的卫星事业发展前景一片光明。在军用领域，卫星技术与各种武器平台和作战系统相互集成与融合，成为军力增强的倍增器和使能器。在民用领域，由地理信息系统、遥感、卫星导航定位和通信技术构成的 3S+C 技术、物联网、云计算已经广泛地应用到众多的领域以及人们的日常生活，并基于开放的网络构架，为用户提供持续在线的运营服务，让我们生活的城市及地球更加智慧。

作为中国空间科学学科带头人之一的中国科学院院士、国际宇航科学院院士胡文瑞说:“人类近半个世纪的空间活动,获得了大量的科学成果,有的已经用于改善人类生活,有的将在不远的将来体现到百姓生活中。人类探索太空最终要实现两个目标，一是从太空中获取能源和资源，二是必要时向太空移民。这个目标虽然还比较遥远，但总有一天会实现。”

探索太空，发展航天科技，造福全人类，机械制造业在其中扮演着极为重要的角色。

二、机械制造业与改造大自然

人类的发展史就是对大自然的不断改造，使大自然适合人类生存的历史。在改造大自然的过程中，处处可见机械制造的痕迹。从出现第一个工具开始，人类就开始了制造活动，到今天，人类在各个行业为改造自然、造福人类所使用和借助的一切机器、工具都是人们制造出来的，是制造业发展的结果。

今天，人类对自然界的过度使用已经对自然界造成了破坏，人类又开始了重新改造大自然的活动。在这一过程中，同样离不开机械制造业的支持。如为了改善环境，我们必须对废弃物进行再加工才可以再利用，在再加工的过程中，肯定是脱离不了机器的，当然也就离不开机械制造业了。所以，从最初人类文明的开创到今天人类为保护环境所采取的一切措施，所有这些改造大自然的活动，都离不开机械制造业。

第五节　中国与全球经济一体化

目前，人类正在进入知识经济时代，知识经济的迅猛发展有力地推动着全球经济一体化的进程，全球经济一体化已成为世界演变的主体潮流，并对各个国家的经济建设及社会各行各业产生着深远的影响。中国制造业正是在这样的背景下迎来了新的发展阶段，中国制造业在世界上的地位越来越重要，由最初的世界加工厂向拥有自主知识产权和品牌的世界工厂演变。

所谓“世界工厂”就是要为世界市场大量提供出口产品，而不是仅仅看一国工业产品的总量。即一个国家的制造业，已成为世界市场重要的工业品的生产供应基地。由于它们的存在和发展，直接影响甚至决定着世界市场的供求关系、价格走向以及未来的发展趋势，中国制造正在以工业制成品为主体的出口贸易进入世界前列，并成为贸易大国之一。

中国的某些制造业已经形成了成熟市场，很多产品已经成为世界产销量最大的，如普通家电、显示器、照相机、手机、数控交换机、拉链、钢琴、手表、电池、玩具、拖拉机、变压器、自行车、摩托车、棉布、皮鞋、打火机、微型汽车等接近 100 项产量和销量都排世界第一，就连世界营业额排名第一的沃尔玛，每年向中国采购达 1000 多亿美元。

凭借低廉的劳动力成本，中国大陆一直被全球厂商认为是生产工厂转移的主要目的地。但从发展的角度来看，跨国公司对中国进行大规模的投资已不再主要以利用它的廉价劳动力为目的，而是为了抢占中国经济快速稳定增长所提供的巨大市场，与此同时把中国作为向全世界出口高技术产品的平台，利用中国的有利条件提高自己的竞争力。种种迹象似乎都预示着中国将以较快的速度成为全球新的制造业中心，跻身全球重要的制造业强国，扮演着世界加工厂的角色，成为“世界工厂”。

引导企业走集约化发展道路，不断做大做强，它们可以说是推动中国工业经济快速增长的核心，是造福一方、走向世界的先锋，也是自主创新、节能降耗的表率。在它们当中，寄托着中国涌现出一批世界级企业的希望。然而，我们也应该看到，中国单位 GDP 所消耗的能源与资源明显高于世界平均水平。若以大量消耗资源、能源为代价来支撑我国经济增长，这样的道路是不可持续的。

中国制造业 500 强和大型工业企业既是行业龙头，也是能源与资源消耗大户，这些企业的表率作用是很明显的。这些龙头企业要率先树立可持续发展的理念，不仅要追求企业效益，更要率先发展工业循环经济，减轻经济增长对资源供给和环境保护的压力，依靠技术进步和自主创新，做大做强主导产业和主导产品，提高核心竞争力，为可持续发展赢得更大空间。首先，中国制造业要真正做好，是件很不容易且意义非常重大的事情。设想一下，如果中国真的成了世界制造业中心、基地，那么中国制造业的标准就是世界制造业的标准，中国制造业的质量就是世界制造业的质量，中国制造业的水平就是世界制造业的水平。那将是怎样的一种景象？要做到这一点，中国制造业须从制造向创造方向发展。那是我们要做的事情。但是，由制造向创造发展困难重重。我们的大企业既要看到自己的规模效应与能力，同时也要看到自己的弱点。中国传统的大企业大多是大而全的企业，它有一个特点，那就是它是一种自给自足的大企业，也就是小生产的大企业。从这个意义上讲，这些大企业实际上都还是些小生产型企业，专业化的小企业反而是社会化的大企业。

现在，专业化发展已是一种大趋势。全世界的分包、外包和内包等，已经成为一种非常强大的发展潮流。以美国为例，不仅工业企业分包流行，会计师事务所业务也在分包，美国约有 35 万家公司的报税工作分包给印度人在做，就连美国一些大报记者的活也在分包。现在，连会计师、记者、医生都可以分包了，更不要说企业了。例如，美国医生将拍的片子分包给印度人，在晚上传给印度医生看并做好报告，此时正好是印度的白天，等他们看好了再传回给美国，又恰好是美国的白天时间。分包做到这种专业化程度，自有它道理。所以，我国的国有大企业要看到这一点，看到自己的专业化水平和主业能力，是否应该把一部分业务分包出去。为制造业生产服务的服务业一旦分离出来，其意义不仅是突出了大企业的主业，同时也为中国的中小企业和服务业的发展，创造了生存和发展空间，使中国的大中小企业在良性互动互补的状态下协调发展。

但是，我们还应看到，中国现在离真正成为拥有自主产权和品牌的“世界工厂”还有一段距离。制造的大多数产品属低端产品，技术含量低，附加值低，利润少，缺乏自己的品牌和营销渠道，中国目前真正在世界处于领先水平的制造业企业还太少，技术含量高的“中国制造”产品在全球市场上远未形成主流。不过目前，中国已具备打造“世界工厂”的有利条件。集中精力发挥我国的优势，就有可能在不久的将来成为“世界工厂”。从发展规律看，中国要取代日本成为世界工厂，也必须通过新的科技革命，在全面确立产业技术优势的基础上，既要靠物美价廉的产品在国际市场中站稳脚跟，又要凭借一流的科技水平和产业创新力，领导世界工业发展的新潮流。而且，与昔日的英国、德国、美国和日本相比，中国“世界工厂”还具有他们所不具备的有利环境。在当时，世界经济全球化不可能像今天这样广泛而迅速发展，上述国家成为世界工厂都只能依靠本国自身工业化的迅速发展。如今，我们只要抓住全球产业重组和制造业转移的机遇，中国成为世界制造中心的一天就会很快到来。同时，也相信，在不久的将来，随着国民经济的发展、科技研发投入的增加，国力将不断增强，满足人们需求的用于各行各业的产品，标记有“Madein China”和中国制造的将越来越多，由中国制造变为中国创造的产品也将会日益增多。中国扮演“世界工厂”、世界制造业中心和基地的角色为期不远了。

第六节　机械制造技术的发展历史

一、机械制造业的形成

人类成为“现代人”的标志是制造工具与机械。石器时代的各种石斧、石锤和木质、皮质的简单粗糙的工具是后来出现的机械的先驱。几千年来，人类经历了从制造最简单、最原始的工具到制造由成千上万个零、部件组成的现代复杂机械的漫长过程。

几千年前，中国就创制了用于谷物脱壳和粉碎的臼和磨，用于耕地的锄和犁，用来提水的辘轳和橘槔，装有轮子的车，航行于江河的船及其桨、橹、舵等。制造机械所用的材料经历了从取自天然的石、木、土、皮革，到人造材料；最早的人造材料是陶瓷，从烧制陶瓷发展到青铜时代、铁器时代较初级的金属材料直到现代多种元素、品种繁多能适应各种工作环境的金属材料及有机合成材料。机械所使用的动力从古代的人力、畜力，经历了使用风力、水力，到18世纪开始使用蒸汽机，19世纪出现了内燃机与电力，现代已开始使用核动力。

从古猿到原始人的漫长进化过程中，石器一直是人类使用的主要工具。后来逐步发展到磨制石器，距今大约15000年前，才开始出现复合工具，即将石斧、石刀、石镰等安装在木制、竹制或骨制的把柄上，特别是选择合适的木料和动物筋腱制成了弓、箭、弦等更加复杂的狩猎工具，使人类进入了新石器时代。

大约50万年前，人类学会了用火，到原始社会末期，人类的祖先开始用火烧制陶器。制陶是人类第一次借助火这种自然力制造出的自然界所没有的人工材料，制造陶瓷器皿的陶车，已是具有动力、传动和工作三部分的完整机械。因此，制陶是古代材料应用及其加工技术的一个重要进步。

人类在烧制陶器的过程中发明了冶铜术，后来又发现把锡矿石加到红铜中一起冶炼，制成的材料更加坚韧耐磨，这就是青铜，从而使人类于公元前5000年进入青铜器时代。大约在公元前1200年，人类进入了铁器时代。冶炼技术和铁器的发明是古代材料技术最重大的成就。1775年，英国人威尔肯逊为了制造瓦特发明的蒸汽机而制造了气缸镗床，标志着人类用机器代替手工的机械化进入了新的发展时期。总之，18世纪后期，以蒸汽机和工具机发明为特征的产业革命，开始了以机器为主导地位的制造业新纪元，促成了制造企业雏形——工厂式生产的出现，标志着机械制造工业开始形成。

制造业和制造技术的形成，只有两百多年的历史。19世纪末20世纪初，内燃机的发明引发了制造业的革命。第二次世界大战后，微电子技术、计算机技术、自动化技术得到了迅速发展，推动了制造技术向高质量生产和柔性生产的方向发展。从20世纪70年代开始，大量生产模式已不能适应新的市场特点，于是相继出现了计算机集成制造、丰田生产模式（精益生产）。到20世纪90年代，相继出现了智能制造、敏捷制造、下一代制造等新的制造理念，即各种先进制造技术。

随着社会需求个性化、多样化的发展，生产规模沿“小批量—少品种大批量—多品种变批量”的方向发展。制造资源配置沿着“劳动密集型—设备密集型—信息密集型—知识密集型”的方向发展。与之相适应，制造技术的生产方式沿着“手工—机械化—单机自动化—刚性流水自动化—柔性自动化—智能自动化”的方向发展。

二、中国机械发展简史

中国是世界上机械发展最早的国家之一。中国的机械工程技术不但历史悠久，而且成就十分辉煌，不仅对中国的物质文化和社会经济的发展起到了重要的促进作用，而且对世界技术文明的进步作出了重大贡献。中国机械发展史可分为6个时期：

（1）形成和积累时期（从远古到西周）：这一时期是中国机械发展的第一个时期，石器的使用标志着这一时期的开始。这是一个十分漫长的时期，经历了三个发展阶段。第一个阶段相当于旧石器时代。这一阶段的工具主要用石料和木料制作，同时也有一些骨制工具。

第二个阶段相当于新石器时代。这一阶段在石器制造方面以磨制工艺为主，同时对石器的制造有了一套完整的工艺过程。

第三个阶段大约从新石器时代末期到西周时期。从动力方面看，这一阶段已经开始使用畜力和风力作为原动力。青铜冶炼技术也在这一时期达到高潮，青铜冶铸工艺趋于成熟。

总的来看，这一时期在动力方面由只利用人力，发展为人力、畜力等并用；在材料方面由以石质材料为主发展为以木、铜质材料为主；在结构方面由简单工具发展为复合工具和较为复杂的机械；在原理方面从杠杆、尖劈等原理的利用发展为对惯性、摩擦、弹性和重力等原理的利用；在制造工艺方面经历了由石器制造工艺向铜器和其他机械工艺的转变。这些情况说明在这一时期中国传统机械技术已经形成并有了一定的发展。

（2）传统机械的迅速发展和成熟时期：从春秋时期开始，我国传统机械的发展进入了一个新的时期。这一时期铁器开始得到使用，使古代机械在材料方面取得了重大突破。钢铁技术的产生和发展为制造高效生产工具提供了条件。随之铸造、锻造和热处理等机械热加工技术在这一时期得到了迅速发展。1980 年出土的秦始皇陵铜车马，代表了当时铸造技术、金属加工和组装工艺的水平。

在动力方面，这一时期除使用前面的动力外，开始利用水力为机械的原动力，出现了一些水力机械。在结构原理方面也有新的突破。在不少机械上出现了齿轮机构、凸轮机构和曲柄连杆机构等复杂的传动机构。

这一时期的农业机械发展很快，出现了三脚楼这样的重要播种机械。还发明了高效粮食加工机械——风扇车。磨、碓等谷物加工机械都已出现，并有了很大的发展。在纺织机械方面出现了手摇纺车、布机和提花机等重要机械。这一时期的造船技术也已比较发达，橹、舵、帆等部件逐渐完善，并且能够制造大型的楼船和战船。

在这一时期，生产过程中的机械系统有了很大的变化。许多机械已用自然力代替人力作为原动力。对机械的操作开始由直接操作向间接操作转变。动力和运动的传输开始由机械本身来完成。对机械的控制开始由人的直接控制向间接控制发展。水排、水碓和马排等机械具备了机器的基本组成要素，都已具有原动机、传动机构和工作机构三个组成部分。机器的出现反映了机械系统的发展达到了很高的程度。这一时期，我国的机械技术迅速发展，传统的铸造、锻造、热处理技术不断提高，逐渐趋于成熟。各种农业机械大都出现并大致定型。造船、纺织机械技术已达到成熟阶段。从动力、材料、工艺和结构原理等多方面看，我国传统机械已发展到成熟阶段。

（3）传统机械的全面发展和鼎盛时期（从三国时期到元代中期）：从三国时期到元代中期是中国机械发展的第三个时期。与前两个时期相比，其主要特点是机械的总体技术水平有了极大的提高，古代机械得到了全面发展。这一时期经过了两个发展阶段。

第一阶段为三国到隋唐五代时期，是传统机械持续发展时期。这一阶段在工艺方面有较大进步。锻造农具开始在农具中占主导地位。铸造技术有了新的发展，出现了一些大型铸件，水力机械、兵器、纺织机械和天文仪器等方面也有新的发展。

第二个阶段是宋元时期，这是中国传统机械发展的高峰时期。这一阶段，在农业机械方面有很大的进步，各种水力机械得到了更广泛的利用。在这一阶段，纺织机械有新的发展。王祯《农书》中记述的水力大纺车、脚踏棉纺车等纺织机械反映了当时纺织机械的水平达到了很高的程度。兵器制造技术在这一阶段发展很快，出现了管形火器和喷射火箭等新式武器。在宋代，许多新型船纷纷出现，造船技术趋于鼎盛。这一阶段在天文仪器方面取得了重大突破，我国传统的天文仪器发展到高峰阶段。同时，还有一些重大的发明，如出现了活字印刷术和双作用活塞风箱，还发明了冷锻和冷拔工艺。

在第三个时期，中国出现了许多杰出的机械制造家，如马钧、祖冲之、李皋、张思训、燕肃、苏颂、郭守敬和王祯等，为传统机械的发展作出了重要贡献。这一时期的机械不但种类多，而且水平高、创造性强。中国在机械加工、农业机械、纺织机械、造船和仪器制造等多方面都走在了世界的前列。如历史上郑和下西洋的船队是当时世界上最大的船队。郑和所乘宝船长约 137 m，张 12 帆，舵杆长 11 m 多，是古代最大的远洋船舶。不少机械传到了国外，对世界科学技术的发展产生了一定的影响。这一时期是传统机械和机械制造技术的全面发展和鼎盛时期，也是中国机械史上的繁荣时期。

（4）传统机械的缓慢发展时期（从元代后期到清代中期）：从元代后期到清代中期是中国机械发展的第四个时期。这一时期也可分为两个阶段。

第一阶段从元代后期到清代初期。这一阶段正是西方文艺复兴时期。西方各国先后发生了资产阶级文化运动，科学技术迅速发展，在这一阶段已经赶上和超过了中国。就机械方面来看，我国并不十分落后，但在发展速度上已明显低于西方。

从 18 世纪初到 19 世纪 40 年代为第二个阶段。这一阶段清朝政府采取了闭关自守的政策，中断了与西方的科技交流。同时，由于封建专制的加强，中国资本主义萌芽的发展受到了极大的限制。中国机械的发展停滞不前，在这 100 多年内没有出现多少价值重大的发明。而这时正是西方资产阶级政治革命和产业革命时期，机械科学技术飞速发展，远远超过了中国。这样，中国机械的发展水平与西方的差距急剧拉大，到 19 世纪中期已经落后西方 100 多年。

（5）中国机械发展的转变时期（从清代中后期到新中国成立前）：从 19 世纪 40

年代到 20 世纪 40 年代末是中国机械发展的第五个时期。1840 年的鸦片战争打开了中国闭关自守的大门，西方近代机械科学技术开始大量传入中国，使中国机械的发展进入了向近代机械转变的时期。

到 19 世纪后期，机器生产在中国迅速发展，蒸汽机得到了广泛应用。西方的锻造、铸造和各种切削加工技术相继传入。同时，我国也开始了一些机械的研制工作。如 1862 年研制出第一台蒸汽机，1865 年制造了第一艘汽船。19 世纪后期，民族资产阶级已经兴起，建立了一批机械工厂，对中国机械的发展起了重要作用。

20 世纪以来，中国机械进一步得到发展。在引进国外机械的同时，也能自制不少类型的机械产品。到 20 世纪 30—40 年代，中国自行生产的产品种类有了较大的增加。在原动机方面能够生产蒸汽机、柴油机等。在工作机方面能生产刨床、铣床、旋床等。在农机方面可以生产碾米机、面粉机和灌溉泵等。此外还能生产化工、纺织、矿山、印刷等方面的不少机械设备。这时的机械工程教育有了新的发展，许多院校设有机械工程系或专业。中国逐渐有了自己的机械工程技术人员。

这一时期中国机械的发展速度还是比较快的。但是，这时的中国机械生产带有半封建半殖民地的特征，对帝国主义国家有很大的依赖性。中国民族资产阶级经济力量十分薄弱，所办企业没有形成独立的机械制造工业体系。中国的机械制造工业主要还是修理性质的。

（6）中国机械发展的复兴时期和振兴时期（新中国成立后）：1949 年新中国成立后，中国机械的发展进入了新的时期。新社会制度的建立推动了机械科学技术的向前发展。我国不但很快能够自行设计和制造飞机、汽车、轮船、机车等现代机械，而且改变了旧中国以修配为主的状态，建立了门类比较齐全、具有一定规模的机械工业体系。例如，建立了机械科学研究院、电气科学研究院等科研机构，并陆续建立了机床、工具、通用机械、仪表、电气传动、汽车、轴承、内燃机等一系列专业研究设计机构。取得了许多科研成果，解决了不少机械工业中的重大科技问题，如在钢管轧制理论和制造技术方面取得了重大成果。中国机械科技水平与发达国家差距正在缩小。另外，机械工程教育在这一时期得到了迅速发展，我国自己培养了大批的机械工程专业人才。

近几十年来，世界上科学技术发展速度很快，发达国家的机械科技发展速度都在加快，出现了机械产品高效化、精密化、自动化、成套模块化和智能化的趋势。比较而言，我国的产品还比较落后，处于世界领先地位的还比较少。这是多种复杂的因素造成的，机械工业和科技的发展受到了严重的干扰和破坏。改革开放以来，国家在机械工业方面采取了正确的方针政策，机械工业和机械科技的发展重新走上正轨。

总的来说，通过改革开放 20 多年来努力奋斗，这一时期中国机械科学技术的成就是巨大的，发展速度之快、水平之高也是前所未有的。我国机械制造工业取得了举世瞩目的成就。这一时期成为中国机械工业的复兴时期和振兴时期。

第七节 机械制造技术的未来

机械制造业是国民经济最重要的基础产业，而机械制造技术的不断创新则是机械工业发展的技术基础和动力。未来的制造技术所考虑的绝不单单是产品的设计与生产，而应包括从市场调查、产品开发和改进、制造加工、销售、售后服务，到产品报废、解体、回收，再到循环使用、循环利用的产品整个制造过程，是一个大制造系统。其发展趋势随着市场的全球化、竞争的激烈化、需求的个性化、生产的人性化而体现出制造技术的信息化、服务化和高技术化。

一、制造技术的信息化

制造业信息化就是用 0 和 1 的数字编码来表示、处理和传输企业生产经营的一切信息，使制造业生产经营的信息流实现数字化，从而使制造业达到前所未有的高节奏和高效益。制造业信息化工程的核心任务是设计数字化、制造装备数字化、生产过程数字化、管理数字化和企业数字化。只有实现制造装备数字化才能实现加工自动化和精密化，提高产品精度和加工装配的效率。只有实现制造装备数字化才能实现生产过程的自动化和智能化，提高企业生产过程的自动化水平。

20 世纪 50 年代数控机床的发明揭开了制造业机械发展史上新的一页，标志着机械制造业向信息化迈出了第一步并进入经济信息时代。在随后的岁月里，以计算机技术、网络技术、通信技术等为代表的信息技术被广泛应用于制造业的各个领域，先进制造技术（AMT）如雨后春笋层出不穷。这些技术改变了传统资本密集型、设备密集型、技术密集型的生产与管理模式，使生产管理模式向信息密集型和知识密集型转变，使制造技术发生了质的飞跃。现代制造业，尤其是高科技、深加工企业，其主要投入已不再是材料或能源，而是信息或知识；其所创造的社会财富实际上也是某种形式的信息，即产品信息和制造信息。

目前，随着网络时代的到来及 Internet/Intranet/Extranet 的迅速普及和广泛应用，计算机技术、网络技术和通信技术已成为制造企业的基础环境和制造技术的重要手段。

制造技术在知识经济到来时呈现明显的信息化趋势，可以说信息技术在促进 21 世纪制造技术发展过程中的作用是第一位的，信息技术将在更高更深的层次上渗透和改造传统制造业和传统制造技术，以智能化、网络化、集成化和创新为特征的信息化制造技术将成为 21 世纪制造技术的主要发展方向。

二、制造技术的服务化

在工业经济时代，农业被按照工业生产方式加以改造成为一种特殊“工业”。在21世纪知识经济已经来临的时候，制造业正在被改造和演变成为某种意义上的“服务业”，工业经济时代的“以产品为中心”的大批量生产正在转向“以顾客为中心”的单件小批量或大规模定制生产。企业提供给顾客的不只是单一的产品，而必须是一种将服务和产品紧密集成在一起的全面的解决方案，以获得顾客的满意，这就是制造技术的服务化。

“高质量”和“低价格”曾是制造业孜孜以求的目标，可是今天，正是由于制造技术的服务化，“快速交货”正在超越质量、价格和成本，而成为企业竞争成败的第一要素。从某种意义上说，顾客的满意程度取决于企业提供的产品和服务给顾客增加了多少价值。近年来，网上制造和电子商务服务也风起云涌，充分显示了制造业和制造技术的服务化倾向，这也是工业经济迈向知识经济的必然。

三、制造技术的高技术化

在知识经济时代来临之际，传统的制造技术正在从其他学科和高新技术吸取营养并与之相结合，逐渐发展成为一门技术含量高、附加值大的现代先进制造技术（AMT），未来的制造技术日益高技术化。

21世纪促进制造业和制造技术发展的主要是信息技术、自动控制技术、管理科学、系统科学、生命科学、机械科学、经济学、物理学和数学等。现代AMT，特别是其中的超精密加工技术和数控加工技术，又已成为一门使其他高新技术或尖端技术，如航空航天、办公自动化、电子、通信、科学仪器和精密电子机械等，得以出现和发展的“使能”技术。

未来机械制造技术的发展，其具体表现如下：

（1）自动化：机械制造技术的发展经历了一个漫长的过程，在制造自动化方面，从单机到生产线到系统，从理想到实际，围绕着人的作用进行了探讨，从追求高度自动化，全盘自动化走向人、组织、技术三结合，人们开始变得更为实际，制造技术开始向具有一定自动化程度的而且能够满足生产需要的制造自动化技术方向发展。

（2）数字化：数字化是21世纪制造技术发展的重要内容，一方面从数字化产品定义、数字化产品模型、数字化加工、数字化管理等数字化技术本身进行发展，另一方面数字化技术的应用将会渗透到各个领域。如民用产品中的数字电视、数码相机、数字变频空调等。以数字化为主要特征的新的工业革命，正在深刻地改变着制造业的生产方式、工作方式和思维方式，关系到制造业的生存和发展、前途和命运，必须正确认识和有效实施制造业信息化。

（3）精密化：精密加工和超精密加工代表了制造技术发展的另一个方向，它在 20 世纪末期已经达到了纳米加工水平，并且出现了微型人造卫星、微型飞机等微型机械。21 世纪它将会取得更大的成就，制造出更多类型的微型机械。

（4）环保化：可持续发展在未来的制造技术中将更受重视，如何有效地利用资源和最大限度地降低环境污染，是摆在大家面前的一大难题。因此，绿色制造、环境保护、生态平衡成为科学技术研究的重点和工业生产的基点，这是一个新领域，机械制造技术必将在这方面有所作为，将从加工所用材料、加工环境、资源的回收和再利用、加工工艺等几个方面发展。

（5）与生物医学的融合发展：目前，虽然这种结合与制造—信息的融合相比，从广度和深度上还较逊色，但在 21 世纪生物与信息技术在现代制造技术领域的作用必将并驾齐驱。今后以制造技术为核心，将信息、生物和制造技术三方面融合起来，必然是制造领域的主流技术。

（6）市场需求的导向作用突出：根据市场需求做出快速响应，推出相应产品是制造技术的当务之急。这是市场经济的规律，也是制造技术赖以生存的重要条件。

第二章 机械制造生产过程及特点

第一节 概述

一、制造的永恒性

（一）机械制造技术的发展

现代制造技术或先进制造技术是20世纪80年代提出来的，但它的工作基础已经历了半个多世纪。最初的制造是靠手工来完成的，以后逐渐用机械代替手工，以达到提高产品质量和生产率的目的，同时也为了解放劳动力和减轻繁重的体力劳动，因此出现了机械制造技术。机械制造技术有两方面的含义：其一是指用机械来加工零件（或工件）的技术，更明确地说是在一种机器上用切削方法来加工，这种机器通常称为机床、工具机或工作母机。另一方面是指制造某种机械的技术，如汽车、涡轮机等。此后，由于在制造方法上有了很大的发展，除用机械方法加工外，还出现了电加工、光学加工、电子加工、化学加工等非机械加工方法，因此，人们把机械制造技术简称为制造技术。

可以认为，先进制造技术是将机械、电子、信息、材料、能源和管理等方面的技术，进行交叉、融合和集成，综合应用于产品全生命周期的制造全过程，包括市场需求、产品设计、工艺设计、加工装配、检测、销售、使用、维修、报废处理等，以实现优质、敏捷、高效、低耗、清洁生产，快速响应市场的需求。

制造技术是一个永恒的主题，是设想、概念、科学技术物化的基础和手段，是国家经济与国防实力的体现，是国家工业化的关键。制造业的发展和其他行业一样，随着国际、国内形势的变化，有高潮期也有低潮期、有高速期也有低速期、有国际特色也有民族特色，但必须加以重视，而且要持续不断地向前发展。

（二）制造技术的重要性

制造技术的重要性是不言而喻的，它有以下四个方面的意义：

1. 社会发展与制造技术密切相关

现代制造技术是当前世界各国研究和发展的主题，特别是在市场经济繁荣的今天，它更占有十分重要的地位。

人类的发展过程就是一个不断制造的过程，在人类发展的初期，为了生存，制造了石器，以便于狩猎。此后，相继出现了陶器、铜器、铁器和一些简单的机械，如刀、剑、弓、箭等兵器，锅、壶、盆、罐等用具，犁、磨、碾、水车等农用工具，这些工具和用具的制造过程都是简单的，主要围绕生活必需和存亡征战，制造资源、规模和技术水平都非常有限。随着社会的发展，制造技术的范围和规模在不断扩大，技术水平也在不断提高，向文化、艺术、工业发展，出现了纸张、笔墨、活版、石雕、珠宝、钱币、金银饰品等制造技术。到了资本主义社会和社会主义社会，出现了大工业生产，使得人类的物质生、活和文明有了很大的提高，对精神和物质有了更高的要求，科学技术有了更快、更新的发展，从而与制造技术的关系就更为密切。蒸汽机制造技术的问世带来了工业革命和大工业生产，内燃机制造技术的出现和发展形成了现代汽车、火车和舰船，喷气涡轮发动机制造技术促进了现代喷气客机和超音速飞机的发展，集成电路制造技术的进步左右了现代计算机的水平，纳米技术的出现开创了微型机械的先河。因此，人类的活动与制造密切相关，人类活动的水平受到了制造水平的极大约束，宇宙飞船、航天飞机、人造卫星以及空间工作站等制造技术的出现，使人类的活动走出了地球，走向了太空。

2. 制造技术是科学技术物化的基础

从设想到现实，从精神到物质，是靠制造来转化的，制造是科学技术物化的基础，科学技术的发展反过来又提高了制造的水平。信息技术的发展并引入到制造技术，使制造技术产生了革命性的变化，出现了制造系统和制造科学，从此制造就以系统这一新概念问世，它由物质流、能量流和信息流组成，物质流是本质，能量流是动力，信息流是控制，制造技术与系统论、方法论、信息论、控制论和协同论相结合就形成了新的制造学科，即制造系统工程学，制造系统是制造技术发展的新里程碑。

协同论（协同学）一词可追溯到古希腊语，意为协同作用的科学，现代协同论是德国斯图加特大学赫尔玻·哈肯教授在 1969 年提出的，其后若干年出版了《协同学导论》等书，主要内容是探讨了生命系统等复杂系统的运动演化规律，其主要理论有序参数、役使原理、耗散理论等。现代制造系统是一个复杂系统，在网络环境下所形成的扩展企业在生产制造和管理等方面是一个复杂的闭环系统，需要应用协同论的理论来解决产品开发中所遇到的问题，因此它是制造系统又一个重要的理论基础，是制造模式继集成制造、并行工程后的又一重要发展。

科学技术的创新和构思需要实践，实践是检验真理的唯一标准，人类对飞行的欲望和需求由来已久，经历了无数的挫折与失败，通过了多次的构思和实验，最后才获得成功。实验就是一种物化手段和方法，生产是一种成熟的物化过程。

3. 制造技术是所有工业的支柱

制造技术的涉及面非常广，冶金、建筑、水利、机械、电子、信息、运载、农业等各个行业都要有制造业的支持，如冶金行业需要冶炼、轧制设备，建筑行业需要塔吊、挖掘机和推土机等工程机械。因此，制造业是一个支柱产业，在不同的历史时期有不同的发展重点，但需要制造技术的支持是永恒的。当然，各个行业有其本身的主导技术，如农业需要生产粮、棉等农产品，有很多的农业生产技术，但现代农业就少不了农业机械的支持，制造技术成为其主要组成部分。因此，制造技术既有普遍性、基础性的一面，又有特殊性、专业性的一面，制造技术既有共性，又有个性。

4. 国力和国防的后盾

一个国家的国力主要体现在政治实力、经济实力、军事实力上，而经济和军事实力与制造技术的关系十分密切，只有在制造上是一个强国，才能在军事上是一个强国，一个国家不能靠外汇去购买别国的军事装备来保卫自己，必须有自己的军事工业。有了国力和国防才有国际地位，才能立足于世界。

第二次世界大战以后，日本、德国等国家一直重视制造业，因此，国力很快得以恢复，经济实力处于世界前列。从20世纪30年代开始一直在制造技术上处于领先地位的美国，由于在20世纪50~60年代未能重视它而每况愈下。克林顿总统执政后，迅速把制造技术提到了重要日程上，决心夺回霸主地位，其间推行了“计算机集成制造系统”和“21世纪制造企业战略”，提出了集成制造、敏捷制造、虚拟制造和并行工程、“两毫米工程”等举措，促进了先进制造技术的发展，同时对美国的工业生产和经济复苏产生了重大影响。

二、广义制造论

广义制造是20世纪制造技术的重要发展。它是在机械制造技术的基础上发展起来的。长期以来，由于设计与工艺分家，制造被定位于加工工艺，这是一种狭义制造的概念，随着社会发展和科技进步，需要综合、融合和复合多种技术去研究和解决问题，特别是集成制造技术的问世，提出了广义制造的概念，亦称为“大制造”的概念，它体现了制造概念的扩展。

广义制造概念的形成过程主要有以下几方面原因：

（一）工艺和设计一体化

它体现了工艺和设计的密切结合，形成了设计工艺一体化，设计不仅是指产品设计，而且包括工艺设计、生产调度设计和质量控制设计等。

人类的制造技术大体上可分为三个阶段，有三个重要的里程碑。

1. 手工业生产阶段

起初，制造主要靠工匠的手艺来完成，加工方法和工具都比较简单，多靠手工、畜力或极简单的机械，如凿、劈、锯、碾和磨等来加工，制造的手段和水平比较低，为个体和小作坊生产方式；有简单的图样，也可能只有构思，基本是体脑结合、设计与工艺一体，技术水平取决于制造经验，基本上适应了当时人类发展的需求。

2. 大工业生产阶段

由于经济发展和市场需求，以及科学技术的进步，制造手段和水平有了很大的提高，形成了大工业生产方式。

生产发展与社会进步使制造进行了大分工，首先是设计与工艺分开了，单元技术急速发展又形成了设计、装配、加工、监测、试验、供销、维修、设备、工具和工装等直接生产部门和间接生产部门，加工方法丰富多彩。除传统加工方法，如车、钻、刨、铣和磨等外；非传统加工方法，如电加工、超声波加工、电子束加工、离子束加工、激光束加工均有了很大发展。同时，出现了以零件为对象的加工流水线和自动生产线，以部件或产品为对象的装配流水线和自动装配线，适应了大批大量生产需求。

这一时期从 18 世纪开始至 20 世纪中叶发展很快，且十分重要，它奠定了现代制造技术的基础，对现代工业、农业、国防工业的成长和发展影响深远。由于人类生活水平的不断提高和科学技术日新月异地发展，产品更新换代的速度不断加快，因此，快速响应多品种单件小批生产的市场需求就成为一个突出矛盾。

3. 虚拟现实工业生产阶段

要快速响应市场需求，进行高效的单件小批生产，可借助于信息技术、计算机技术、网络技术，采用集成制造、并行工程、计算机仿真、虚拟制造、动态联盟、协同制造、电子商务等举措，将设计与工艺高度结合，进行计算机辅助设计、计算机辅助工艺设计和数控加工，使产品在设计阶段就能发现在加工中的问题，进行协同解决。同时，可集全世界的制造资源来进行全世界范围内的合作生产，缩短了上市时间，提高了产品质量。这一阶段充分体现了体脑高度结合，对手工业生产阶段的体脑结合进行了螺旋式的上升和扩展。虚拟现实工业生产阶段采用强有力的软件，在计算机上进行系统完整的仿真，从而可以避免在生产加工时才能发现的一些问题及其造成的损失。因此，它既是虚拟的，又是现实的。

（二）材料成型机理的扩展

在传统制造工艺中，人为地将零件的加工过程分为热加工和冷加工两个阶段，而且是以冷去除加工和热变形加工为主，主要是利用力、热原理。但现在已从加工成形机理来分类，明确地将加工工艺分为去除加工、结合加工和变形加工。

1. 去除加工

去除加工又称分离加工，是从工件上去除一部分材料而成型。

2. 结合加工

结合加工是利用物理和化学方法将相同材料或不同材料结合（bonding）在一起而成型，是一种堆积成型、分层制造方法。

按结合机理和结合强弱又可分为附着（deposition）、注入（injection）和连接（jointed）三种。

（1）附着又称沉积，是在工件表面上覆盖一层材料，是一种弱结合，典型的加工方法是镀。

（2）注入又称渗入，是在工件表层上渗入某些元素，与基体材料产生物化反应，以改变工件表层材料的力学性质，是一种强结合，典型的加工方法有渗碳、氧化等。

（3）连接又称接合，是将两种相同或不相同材料通过物化方法连接在一起，可以是强结合，也可以是弱结合，如激光焊接、化学黏结等。

3. 变形加工

变形加工又称流动加工，是利用力、热、分子运动等手段使工件产生变形，改变其尺寸、形状和性能，如锻造、铸造等。

（三）制造技术的综合性

现代制造技术是一门以机械为主体，又融合了光、电、信息、材料、管理等学科的综合体，并与社会科学、文化、艺术等关系密切。

制造技术的综合性首先表现在机、光、电、声、化学、电化学、微电子和计算机等的结合，而不是单纯的机械。

人造金刚石、立方氮化硼、陶瓷、半导体和石材等新材料的问世形成了相应的加工工艺学。

制造与管理已经不可分割，管理和体制密切相关，体制不协调会制约制造技术的发展。

近年来，发展起来的工业设计学科是制造技术与美学、艺术相结合的体现。

哲学、经济学、社会学会指导科学技术的发展，现代制造技术有质量、生产率、经济性、产品上市时间、环境和服务等多项目标的要求，单纯靠技术是难以实现的。

（四）制造模式的发展

计算机集成制造技术最早称为计算机综合制造技术，它强调了技术的综合性，认为一个制造系统至少应由设计、工艺和管理三部分组成，体现了“合—分—合”的螺旋上升。长期以来，由于科技、生产的发展，制造越来越复杂，人们已习惯了将复杂事物分解为若干单方面事物来处理，形成了“分工”，这是正确的。但与此同时忽略了各方面事物之间的有机联系，当制造更为复杂时，不考虑这些有机联系就不能解决问题，这时，集成制造的概念应运而生，一时间受到了极大的重视。

计算机集成制造技术是制造技术与信息技术结合的产物，集成制造系统首先强调了信息集成，即计算机辅助设计、计算机辅助制造和计算机辅助管理的集成，集成有多个方面和层次，如功能集成、信息集成、过程集成和学科集成等，总的思想是从相互联系的角度去统一解决问题。

其后在计算机集成制造技术发展的基础上出现了柔性制造、敏捷制造、虚拟制造、网络制造、智能制造和协同制造等多种制造模式，有效地提高了制造技术的水平，扩展了制造技术的领域。“并行工程”“协同制造”等概念及其技术和方法，强调了在产品全生命周期中能并行有序地协同解决某一环节所发生的问题，即从“点”到“全局”，强调了局部和全面的关系，在解决局部问题时要考虑其对整个系统的影响，而且能够协同解决。

（五）产品的全生命周期

制造的范畴从过去的设计、加工和装配发展为产品的全生命周期，包括需求分析、设计、加工、销售、使用和报废等。

（六）丰富的硬软件工具、平台和支撑环境

长期以来，人们对制造的概念多停留在硬件上，对制造技术来说，主要有各种装备和工艺装备等，现代制造不仅在硬件上有了很大的突破，而且在软件上得到了广泛应用。

现代制造技术应包括硬件和软件两大方面，并且应在丰富的硬软件工具、平台和支撑环境的支持下才能工作。硬软件要相互配合才能发挥作用，而且不可分割，如计算机是现代制造技术中不可缺少的设备，但它必须有相应的操作系统、办公软件和工程应用软件（如计算机辅助设计、计算机辅助制造等）的支持才能投入使用；又如网络，其本身有通信设备、光缆等硬件，但同时也必须有网络协议等软件才能正常运行；再如数控机床，它由机床本身和数控系统两大部分组成，而数控系统除数控装置等硬件外，必须有程序编制软件才能使机床进行加工。

软件需要专业人员才能开发，单纯的计算机软件开发人员是难以胜任的，因此，除通用软件外，制造技术在其专业技术的基础上发展了相应的软件技术，并成为制造技术不可分割的组成部分，同时形成了软件产业。

三、机械制造科学技术的发展

机械制造科学技术的发展主要沿着“广义制造”或称“大制造”的方向发展。当前，

发展的重点是创新设计、并行设计、现代成型与改性技术、材料成型过程仿真和优化、高速和超高速加工、精密工程与纳米技术、数控加工技术、集成制造技术、虚拟制造技术、协同制造技术和工业工程等。

当前值得开展的制造技术可结合汽车、运载装置、模具、芯片、微型机械和医疗器械等进行反求工程、高速加工、纳米技术、模块化功能部件、使能技术软件、并行工程和数控系统等研究。

我国已是一个制造大国，世界制造中心将可能转移到中国，这对我国的制造业是一次机遇和挑战。要形成世界制造中心就必须掌握先进的制造技术，掌握核心技术。要有很高的制造技术水平，才能不受制于人，才能从制造大国走向制造强国。

第二节 生产过程与工艺过程

一、机械产品生产过程

机械产品生产过程是指从原材料开始到成品出厂的全部劳动过程，它不仅包括毛坯的制造，零件的机械加工、特种加工和热处理，机器的装配、检验、测试和涂装等主要劳动过程，还包括专用工具、夹具、量具和辅具的制造，机器的包装，工件和成品的储存和运输，加工设备的维修，以及动力（电、压缩空气、液压等）供应等辅助劳动过程。

由于机械产品的主要劳动过程都使被加工对象的尺寸、形状和性能产生了一定的变化，即与生产过程有直接关系，因此称为直接生产过程，亦称为工艺过程。而机械产品的辅助劳动过程虽然未使加工对象产生直接变化，但也是非常必要的，因此称为辅助生产过程。所以，机械产品的生产过程由直接生产过程和辅助生产过程组成。

随着机械产品复杂程度的不同，其生产过程可以由一个车间或一个工厂完成，也可以由多个车间或工厂协作完成。

二、机械加工工艺过程

（一）机械加工工艺过程的概念

机械加工工艺过程是机械产品生产过程的一部分，是直接生产过程，其原意是指采用金属切削刀具或磨具来加工工件，使之达到所要求的形状、尺寸、表面粗糙度和力学物理性能，成为合格零件的生产过程。由于制造技术的不断发展，现在所说的加工方法除切削和磨削外，还包括其他加工方法，如电加工、超声加工、电子束加工、离子束加工、激光束加工，以及化学加工等加工方法。

（二）机械加工工艺过程的组成

机械加工工艺过程由若干个工序组成。机械加工中的每一个工序又可依次细分为安装、工位、工步和走刀。

1. 工序

机械加工工艺过程中的工序是指一个（或一组）工人在同一个工作地点对一个（或同时对几个）工件连续完成的那一部分工艺过程。根据这一定义，只要工人、工作地点、工作对象（工件）之一发生变化或不是连续完成，则应成为另一个工序。因此，同一个零件，同样的加工内容可以有不同的工序安排。例如，阶梯轴零件的加工内容是：加工小端面，对小端面钻中心孔；加工大端面，对大端面钻中心孔；车大端面外圆，对大端倒角；车小端面外圆，对小端面倒角；铣键槽；去毛刺。这些加工内容可以安排在两个工序中完成，也可以安排在四个工序中完成，还可以有其他安排。工序安排和工序数目的确定与零件的技术要求、零件的数量和现有工艺条件等有关。显然，工件在四个工序中完成时，精度和生产率均较高。

2. 安装

如果在一个工序中需要对工件进行几次装夹，则每次装夹下完成的那部分工序内容称为一次安装。

3. 工位

在工件的一个安装中，通过分度（或移位）装置，使工件相对于机床床身变换加工位置，则把每一个加工位置上的安装内容称为工位。在一个安装中，可能只有一个工位，也可能需要有几个工位。

图 2-1 所示为通过立轴式回转工作台使工件变换加工位置的例子，即多工位加工。在该例中，共有四个工位，依次为装卸工件、钻孔、扩孔和铰铰孔，实现了在一次装夹中同时进行钻孔、扩孔和铰孔加工。

可以看出，如果一个工序只有一个安装，并且该安装中只有一个工位，则工序内容是安装内容，同时也就是工位内容。

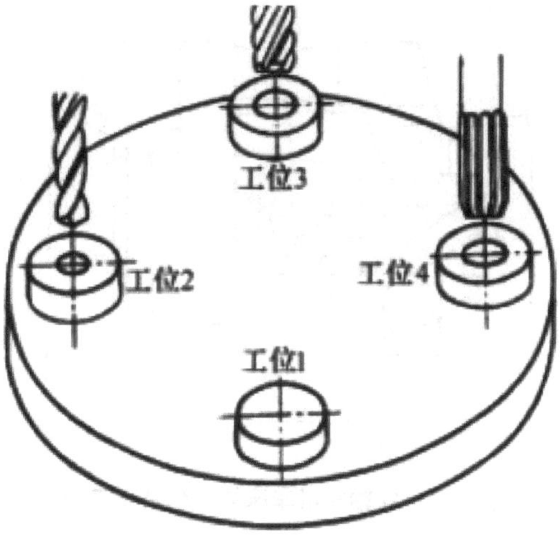

图2–1　多工位加工

4. 工步

加工表面、切削刀具、切削速度和进给量都不变的情况下所完成的工位内容，称为一个工步。

按照工步的定义，带回转刀架的机床（转塔车床、加工中心），其回转刀架的一次转位所完成的工位内容应属一个工步，此时若有几把刀具同时参与切削，则该工步称为复合工步。图 2-2 所示为立轴转塔车床回转刀架示意图，图 2-3 所示为用该刀架加工齿轮内孔及外圆的一个复合工步。

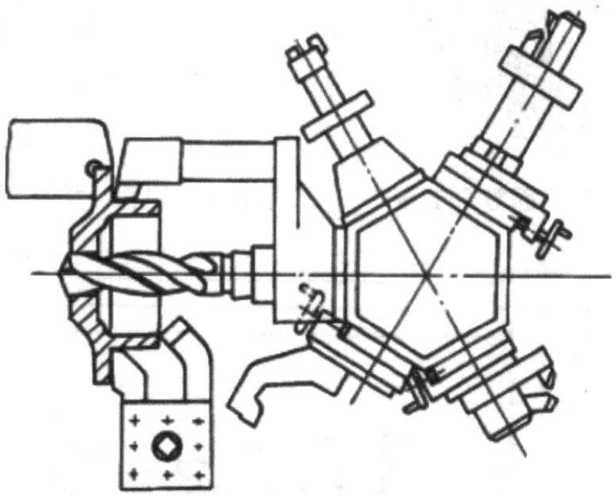

图2–2　立轴转塔车床回转刀架示意图

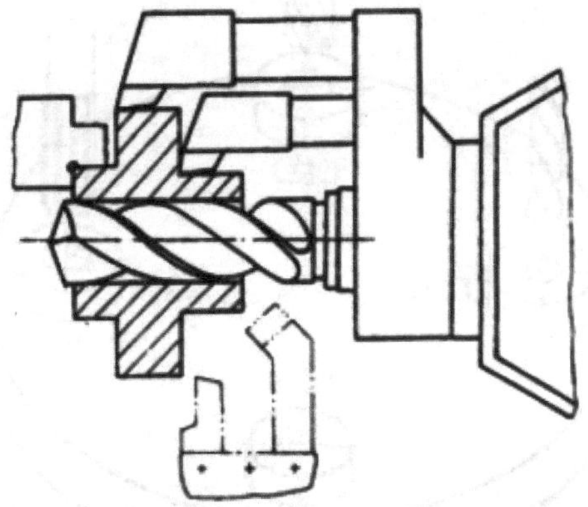

图2-3　立轴转塔车床的一个复合工步

在工艺过程中，复合工步已有广泛应用。例如，图 2-4 所示为在龙门刨床上，通过多刀刀架将四把刨刀安装在不同高度上进行刨削加工；图 2-5 所示为在钻床上用复合钻头进行钻孔和扩孔加工；图 2-6 所示为在铣床上，通过铣刀的组合，同时完成几个平面的铣削加工等。可以看出，应用复合工步主要是为了提高工作效率。

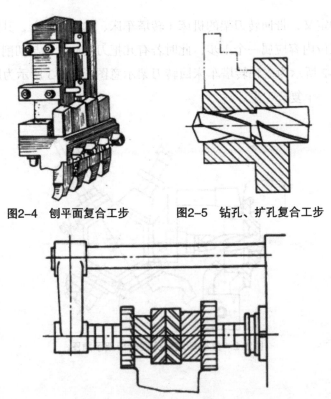

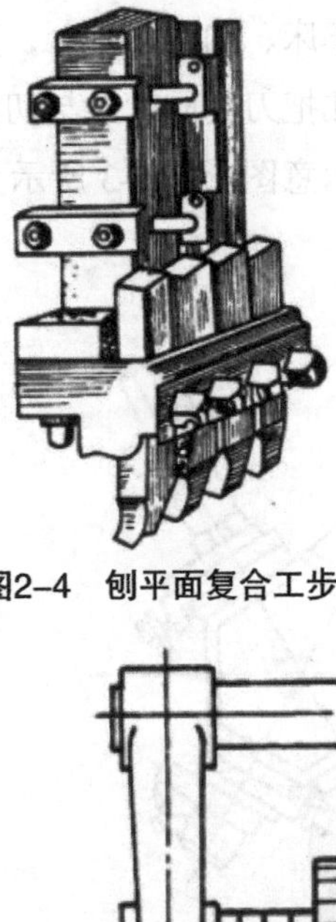

图2-4　刨平面复合工步

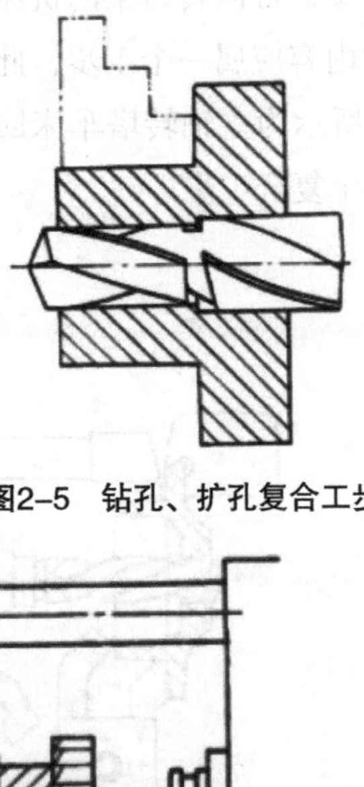

图2-5　钻孔、扩孔复合工步

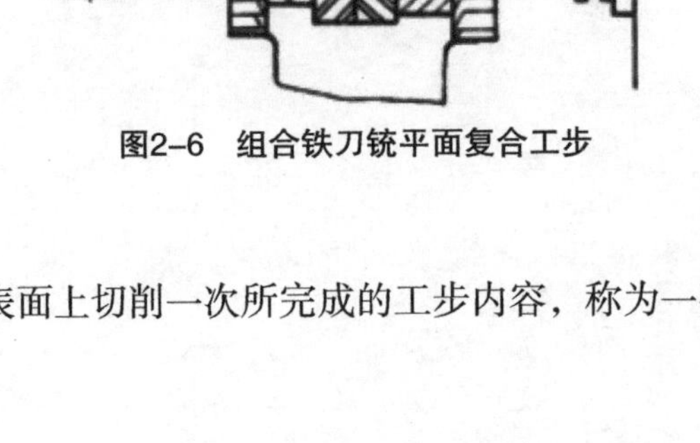

图2-6　组合铁刀铳平面复合工步

5. 走刀

切削刀具在加工表面上切削一次所完成的工步内容，称为一次走刀。一个工步可包括一次或数次走刀。当需要切去的金属层很厚，不可能在一次走刀下切完，则需分几次走刀。走刀次数又称为行程次数。

三、机械加工工艺系统

零件进行机械加工时，必须具备一定的条件，即要有一个系统来支持，称为机械制造工艺系统。通常，一个系统由物质分系统、能量分系统和信息分系统所组成。

机械制造工艺系统的物质分系统由工件、机床、工具和夹具组成。工件是被加工对象。机床是加工设备，如车床、铣床、磨床等，也包括钳工台等钳工设备。工具是各种刀具、磨具、检具，如车刀、铣刀、砂轮等。夹具是指机床夹具，如果加工时是将工件直接装夹在机床工作台上，也可以不要夹具。因此，一般情况下，工件、机床和工具是不可少的，而夹具是可有可无的。

在用一般的通用机床加工时，多为手工操作，未涉及信息技术，而现代的数控机床、加工中心和生产线，则和信息技术关系密切，因此，有了信息分系统。

能量分系统是指动力供应。

机械加工工艺系统可以是单台机床，如自动机床、数控机床和加工中心等，也可以是由多台机床组成的生产线。

第三节　生产类型与工艺特点

一、生产纲领

企业根据市场需求和自身的生产能力制订生产计划。在计划期内，应当生产的产品产量和进度计划称为生产纲领。计划期为一年的生产纲领称为年生产纲领。通常零件的年生产纲领计算公式为：

$N=Qn(1+\alpha\%+\beta\%)$

式中，N——零件的年生产纲领（件 / 年）；

Q——产品的年产量（台 / 年）；

n——每台产品中，该零件的数量（件 / 台）；

$\alpha\%$——备品率；

$\beta\%$——废品率。

年生产纲领是设计或修改工艺规程的重要依据，是车间（或工段）设计的基本文件。

生产纲领确定后，还应该确定生产批量。

二、生产批量

生产批量是指一次投入或产出的同一产品或零件的数量。零件生产批量的计算公式为：

$n'=NA/F$

式中 n'——每批中的零件数量；

N——零件的年生产纲领规定的零件数量；

A——零件应该储备的天数；

F——年中工作日天数。

确定生产批量的大小是一个相当复杂的问题，应主要考虑以下几方面的因素：

（1）市场需求及趋势分析。应保证市场的供销量，还应保证装配和销售有必要的库存。

（2）便于生产的组织与安排。保证多品种产品的均衡生产。

（3）产品的制造工作量。对于大型产品，其制造工作量较大，批量可能应少些，而中、小型产品的批量可大些。

（4）生产资金的投入。批量小些，次数多些，投入的资金少，有利于资金的周转。

（5）制造生产率和成本。批量大些，可采用一些先进的专用高效设备和工具，有利于提高生产率和降低成本。

三、生产类型及其工艺特点

根据工厂（或车间、工段、班组、工作地）生产专业化程度的不同，可将它们按大量生产、成批生产和单件生产三种生产类型来分类。其中，成批生产又可分为大批生产、中批生产和小批生产。显然，产量越大，生产专业化程度应该越高。表 2-1 按重型机械、中型机械和轻型机械的年生产量列出了各种生产类型的规范，可见对重型机械来说，其大量生产的数量远小于轻型机械的数量。

表2–1　各种生产类型的规范

生产类型	零件的年生产纲领/（件·年–1）		
	重型机械	中型机械	轻型机械
单件生产	≤5	≤20	≤100
小批生产	＞5~100	＞20~200	＞100~500
中批生产	＞100~300	＞200~500	＞500~5000
大批生产	＞300~1000	＞500~5000	＞5000~50000
大批生产	＞1000	＞5000	＞50000

从工艺特点上看，小批量生产和单件生产的工艺特点相似，大批生产和大量生产的工艺特点相似，因此生产上常按单件小批生产、中批生产和大批大量生产来划分生产类型，并且按这三种生产类型归纳它们的工艺特点，生产类型不同，其工艺特点有很大差异。

随着技术进步和市场需求的变换，生产类型的划分正在发生着深刻的变化，传统的大批量生产往往不能适应产品及时更新换代的需要，而单件小批生产的生产能力又跟不上市场需求，因此各种生产类型都朝着生产过程柔性化的方向发展。成组技术（包括成组工艺、成组夹具）为这种柔性化生产提供了重要的基础。

第四节　工件的定位与基准

一、工件的定位

（一）工件的装夹

在零件加工时，要考虑的重要问题之一就是如何将工件正确地装夹在机床上或夹具中。所谓装夹有两个含义，即定位和夹紧。有些书中将装夹称为安装。

定位是指确定工件在机床（工作台）上或夹具中占有正确位置的过程，通常可以理解为工件相对于切削刀具或磨具的一定位置，以保证加工尺寸、形状和位置的要求。夹紧是指工件在定位后将其固定，使其在加工过程中能承受重力、切削力等而保持定位位置不变的操作。

工件在机床或夹具中的装夹主要有三种方法。

1. 夹具中装夹

这种装夹是将工件装夹在夹具中，由夹具上的定位元件来确定工件的位置，由夹具上的夹紧装置进行夹紧。夹具则将定位元件安装在机床的一定位置上，并用夹紧元件夹紧。

图 2-7 所示为双联齿轮装夹在插齿机夹具上加工齿形的情况。定位心轴 3 和基座 4 是该夹具的定位元件，夹紧螺母 1 及螺杆 5 是其夹紧元件，它们都装在插齿机的工作台上。

工件以内孔套定位在心轴 3 上，其间有一定的配合要求，以保证齿形加工面与内孔的同轴度，同时又以大齿轮端面紧能在基座 4 上，以保证齿形加工面与大齿轮端面的垂直度，从而完成定位。再用夹紧螺母 1 将工件压紧在基座 4 上，从而保证了夹紧。这时双联齿轮的装夹就完成了。

这种装夹方法由夹具来保证定位夹紧，易于保证加工精度要求，操作简单方便，效率高，应用十分广泛。但需要制造或购买夹具，因此多用于成批、大批和大量生产中。

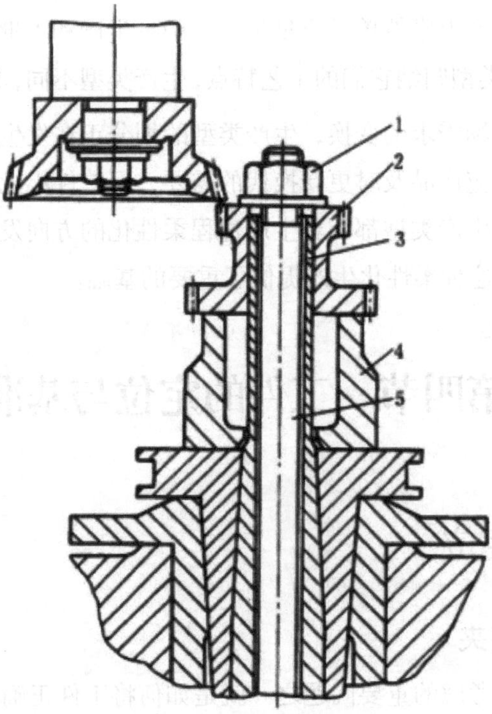

图2–7　夹具中装夹

1- 夹紧螺母；2- 双联齿轮（工件）；3- 定位心轴；4- 基座；5- 螺杆

2. 直接找正装夹

由操作工人直接在机床上利用百分表、划线盘等工具进行工件的定位，俗称找正，然后夹紧工件，称为直接找正装夹。

直接找正装夹，将双联齿轮工件装在心轴上当工件孔径大，心轴直径小，其间无配合关系，则不起定位作用，这时靠百分表来检测齿圈外圆表面找正。找正时，百分表顶在齿圈外圆上，插齿机工作台慢速同转，停转时调整工件与心轴在径向的相对位置，经过反复多次调整，即可使齿圈外圆与工作台回转中心线同轴。如果双联齿轮的外圆和内孔同轴，则可保证齿形加工与工件内孔的同轴度。

这种装夹方法通常可省去夹具的定位元件部分，比较经济，但必须要有夹紧装置。由于其装夹效率较低，大多用于单件小批生产中。当加工精度要求非常高，用夹具也很难保证定位精度时，这种直接找正装夹可能是唯一可行的方案。

3. 划线找正装夹

这种装夹方法是事先在工件上划出位置线、找正线和加工线，找正线和加工线通常相距 5mm。装夹时按找正线进行找正，即为定位，然后再进行夹紧。图 2-8 所示为一个长方形工件在单动卡盘上，用划线盘按预加工孔的找正线进行装夹的划线找正装夹所需设备比较简单，适应性强，但精度和生产效率均较低，通常划线精度为 0.1mm 左右，因此多用于单件小批生产中的复杂铸件或铸件精度较低的粗加工工序。

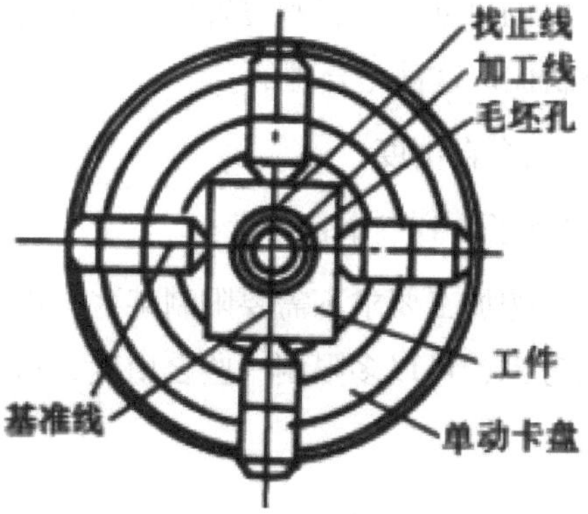

图2-8　划线找正装夹

上述三种装夹方法中都涉及如何定位的问题，这就需要论述工件的定位原理及其实现方法。

（二）定位原理

1. 六点定位原理

一个物体在空间可以有六个独立的运动，工件的定位就是采取一定的约束措施来限制自由度，通常可用约束点和约束点群来描述，而且一个自由度只需要一个约束点来限制。采用六个按一定规则布置的约束点来限制工件的六个自由度，实现完全定位，称为六点定位原理。

2. 工件的实际定位

在实际定位中，通常用接触面积很小的支承钉作为约束点。由于工件的形状是多种多样的，都用支承钉来定位显然不合适，因此更可行的是用支承板、圆柱销、心轴、V 形块等作为约束点群来限制工件的自由度。

值得提出的是：定位元件所限制的自由度与其大小、长度、数量及其组合有关。

（1）长短关系。如短圆柱销限制两个自由度，长圆柱销限制四个自由度；短 V 形块限制两个自由度，长 V 形块限制四个自由度等。

（2）大小关系。一个矩形支承板限制三个自由度，一个条形支承板限制两个自由度，一个支承钉限制一个自由度等。

（3）数量关系。一个短V形块限制两个自由度，两个短V形块限制四个自由度等。

（4）组合关系。一个短V形块限制两个自由度，两个短V形块的组合限制四个自由度，这是一种定位元件数量和所限制自由度成比例的组合关系。一个条形支承板限制两个自由度，两个条形支承板的组合，由于其相当于一个矩形支承板，因此限制三个自由度，这是一种不成比例的组合关系

3. 完全定位和不完全定位

根据工件加工时被加工面的尺寸、形状和位置要求，有的需要限制六个自由度，有的不需要将六个自由度均限制住，这都是合理的。

（1）完全定位。限制了六个自由度。

（2）不完全定位。仅限制了一到五个自由度。

应当指出，有些加工虽然按加工要求不需要限制某些自由度，但从承受夹紧力、切削力、加工调整方便等角度考虑，可以多限制一些自由度，这是必要的，也是合理的，故称为附加自由度。

4. 欠定位和过定位

（1）欠定位。在加工时根据被加工面的尺寸、形状和位置要求，应限制的自由度未被限制，即约束点不足，这样的情况称为欠定位。欠定位的情况下是不能保证加工要求的，因此是绝对不允许的。值得提出的是，在分析工件定位时，当所限制的自由度少于六个，则要判定是欠定位，还是不完全定位。如果是欠定位，则必须要将应限制的自由度限制住；如果是不完全定位，则是可行的。

（2）过定位。工件定位时，一个自由度同时被两个或两个以上的约束点（夹具定位元件）所限制，称为过定位，或重复定位，也称为定位干涉。

由于过定位可能会破坏定位，因此一般也是不允许的。但如果工件定位面的尺寸、形状和位置精度高，表面粗糙度值小，而夹具的定位元件制造质量又高，则这时不但不会影响定位，而且还会提高加工时工件的刚度，在这种情况下过定位是允许的。

下面来分析几个过定位实例及其解决过定位的方法。

工件的一个定位平面只需要限制三个自由度，如果用四个支承钉来支撑，则由于工件平面或夹具定位元件的制造精度问题，实际上只能有其中的三个支承钉与工件定位平面接触，从而产生定位不准和不稳。如果在工件的重力、夹紧力或切削力的作用下强行使四个支承钉与工件定位平面都接触，则可能会使工件或夹具变形，或两者均变形。解决这一过定位的方法有两个：一是将支承钉改为三个，并布置其位置形成三角形；二是将定位元件改为两个支承板。

5. 定位分析方法

工件加工时的定位分析有一定难度，需要掌握一些方法，才能事半功倍。

从分析思路来看，有正向分析法和逆向分析法，即既可以从限制了哪些自由度的角度来分析，也可以从哪些自由度未被限制的角度来分析，前者可谓正向分析法，后者可谓逆向分析法。两种方法均可应用，在分析欠定位时，用逆向分析法可能更好些。

从分析步骤来看，有总体分析法和分件分析法。

（1）总体分析法。总体分析法是从工件定位的总体来分析限制了哪些自由度。总体分析法易于判别是否存在欠定位。

（2）分件分析法。分件分析法是分别从各个定位面的所受约束来分析受限制的自由度。这里需着重说明：一个自由度只需要一个约束就可以了。

在进行分件分析时，先分析限制自由度比较多的定位元件（通常为主定位元件），再逐步分析限制自由度比较少的定位元件，这样有利于分析定位中组合关系对自由度限制的影响。

从上述分析可知，欠定位和过定位可能会同时存在。

综上所述，在设计定位方案时可从以下几方面考虑：

（1）根据加工面的尺寸、形状和位置要求确定所需限制的自由度。

（2）在定位方案中，利用总体分析法和分件分析法来分析是否有欠定位和过定位，分析中应注意定位的组合关系，若有过定位，应分析其是否允许。

（3）从承受切削力、夹紧力、重力，以及为装夹方便、易于加工尺寸调整等角度考虑，在不完全定位中是否应有附加自由度的限制。

二、基准

从设计和工艺两大方面来分析，基准可分为设计基准和工艺基准两大类。

（一）设计基准

设计者在设计零件时，根据零件在装配结构中的装配关系和零件本身结构要素之间的相比位置关系，确定标注尺寸（含角度）的起始位置，这些起始位置可以是点、线或面，称为设计基准。简言之，设计图样上所用的基准就是设计基准。

第三章 机械制造工程基础

第一节 互换性

一、互换性的含义

互换性的例子很多，在日常生活中，我们经常碰到灯泡坏了，自己只要到有关商店买一个相同规格的就能毫无困难地装上。又如自行车、缝纫机、手表上的零件坏了，也可以迅速换上新的继续使用。机器上掉了一个螺钉或螺母也可以随便挑一个相同规格的换上……这些彼此能相互调换的零件，给我们的工作（生产）带来很多的方便，我们就称这些灯泡、灯头、自行车、缝纫机、手表上的零件、螺钉、螺母等是具有互换性的零件。从制造机器的角度来看，制造机器的过程是先由零件制造，而后部件，最后才装配成机器。使组成一台机器中的同类零件，在装配时能相互调换，这样便能大大地缩短生产周期，提高劳动生产率。

因此，零部件的互换性就是指：机械制造中按规定的几何和机械物理性能等参数的允许变动量来制造零件和部件，使其在装配或维修更换时不需要选配或辅助加工便能装配成机器并满足技术要求的性能。几何参数包括尺寸大小、几何形状、相互位置、表面粗糙度等；机械物理性能参数通常指硬度、强度和刚度等。这样，在机器制造中，由于零部件具有了互换性，对规格大小相同的一批零件（或部件），装配前，不需选择；装配时（或更换时），不需修配和调整；装配后，机器质量完全符合规定的使用性能要求。这种生产就叫互换性生产。

从现代工业的特点来看，在现代工业生产中，常采用专业化大协作的生产，即用分散制造、集中装配的办法来提高劳动生产率，以保证产品的质量和降低成本。为此，要实行专业化生产，必须采用互换性原则。如像轿车这样由上万个零件组成的产品，正是基于互换性原则，才保证了当今不足一分钟就可装配下线一辆轿车的高生产率。因此，工业生产中只有提出互换性，推行互换性生产，才能适应国民经济高速度发展的需要。可以说互换性是大生产的一条重要的技术经济原则。当前，互换性已不只是大生产的要求，即使小批量，亦按互换性的原则进行。

二、加工误差与加工精度

具有互换性的零件，其几何参数值是否必须绝对准确呢？事实上不但不可能，而且也不必要。只要实际值保持在规定的变动范围之内就能满足技术要求。机械制造中，实际加工后的零件不可能做得与理想零件完全一致，总会有大小不同的偏差，零件加工后的实际几何参数对理想几何参数的偏离程度，称为加工误差。

那么为什么会造成零件的加工误差呢？原因有多方面，一是机械加工过程中，由于机床、夹具、刀具、工件所组成的工艺系统存在的误差；二是零件加工时受到切削力作用，将引起工艺系统的弹性变形；三是加工时的切削热、环境温差等会引起工艺系统的热变形；四是刀具的磨损等种种因素的影响，致使加工完的零件的几何参数与图纸上规定的不可能完全一致，从而造成加工误差。

加工精度是指零件加工后的实际几何参数（尺寸、形状和位置）与理想几何参数的符合程度。符合程度越高，加工精度越高。根据零件几何参数不同，相应地衡量零件加工准确性的加工精度，可分为零件的尺寸精度、形状精度和位置精度，分别反映了加工后零件的实际尺寸与零件理想尺寸、实际形状与理想形状、实际位置与理想位置相符的程度。如果加工制造完成后的零件的几何参数（形状、尺寸、相互位置等），非常接近规定的几何参数（设计图纸上规定的理想形状、尺寸等），通常说这零件的加工精度高；反之，偏离越大，加工精度越低。加工精度通常用加工误差表示，加工误差小，精度高；误差大，精度低。

三、表面粗糙度

表面粗糙度，过去亦称表面光洁度，是指表面微观几何形状误差，反映工件的加工表面精度。在机械加工过程中，由于刀痕、切削过程中切屑分离时的塑性变形、工艺系统中的高频振动、刀具和被加工表面的摩擦等原因，会使被加工零件的表面产生微小的峰谷，这些微小峰谷的高低程度和间距（波距）状况用表面粗糙度来描述。它与表面宏观几何形状误差以及表面波度误差之间的区别，通常是按波距的大小来划分的。波距小于 1 mm 的属于表面粗糙度（微观几何形状误差）；波距在 1~10 mm 的属于表面波度（中间几何形状误差）；波距大于 10 mm 的属于形状误差（宏观几何形状误差）。

表面粗糙度对零件的功能有很多影响，如接触面的摩擦、运动面的磨损、贴合面的密封、旋转件的疲劳强度和抗腐蚀性能等。因此对提高产品质量起着重要作用。

四、公差与配合

在实际的机械制造中，不可能保证同一类零件的所有尺寸都一样，我们允许产品的几何参数在一定限度内变动，以保证产品达到规定的精度和使用要求，而这一变动量就是公差。由于是变动量，所以公差不能取负值和零。几何参数的公差有尺寸公差和形位公差。

机械制造中，设计时给定的尺寸称为基本尺寸，测量得到的尺寸称为实际尺寸；允许变动的两个极限值称为极限尺寸，分最大极限尺寸和最小极限尺寸，而公差等于最大极限尺寸和最小极限尺寸的差值。而尺寸偏差是某尺寸减其基本尺寸所得的代数值。最大极限尺寸减其基本尺寸所得的代数值为上偏差，最小极限尺寸减其基本尺寸所得的代数值为下偏差。上偏差与下偏差的代数差的绝对值也等于公差。

配合指的是基本尺寸相同的相互结合的孔和轴公差带之间的关系。孔的尺寸减去相配轴的尺寸所得的代数差称为间隙或过盈。此差值为正时是间隙，为负时是过盈。按间隙或过盈及其变动的特征，配合分为间隙配合、过盈配合和过渡配合。

具有间隙（包括最小间隙为零）的配合就是间隙配合。

具有过盈（包括最小过盈为零）的配合就是过盈配合。

过渡配合就是可能具有间隙或过盈的配合。

第二节　机械原理和机械零件

一、机构与机构学的概念

人类在长期的劳动中创造了许多机器。生产活动中常见的机器有起重机、拖拉机、机车、电动机、内燃机和各种机床、生产线等，日常生活中常见的机器有缝纫机、洗衣机、摩托车等。虽然机器的种类繁多，用途不一，但它们都具有共同的特征：其一，它是人为的实物组合；其二，各实物间具有确定的相对运动；其三，能代替或减轻人类的劳动去完成有效的机械功（如牛头刨床）或能量转换（如内燃机把燃料燃烧的热能转换成机械能）。

为了研究机器的工作原理，分析运动特点和设计新机器，通常从运动学角度又将机器视为若干机构组成。由两个以上的构件通过活动连接以实现规定运动的组合件，就称为机构，它是具有确定运动的实物组合体。机构也是人为的实物组合，各实物件间具有确定的相对运动，所以只具有机器的前两个特征。做无规则运动或不能产生运动的实物组合均不能称为机构。机构中总有一个构件作为机架。多数机构都具有一个接受外界已知运动或动力的构件，即主动件，但有的机构需要两个以上的主动件，其余被迫做强制运动的构件称为从动件，其中作为输出的从动件将实现规定的运动。若机构用来做功，或完成机械能与其他能之间的转换，机构就成为机器，所以机器主要是由机构组成的。一部机器可能由一种机构或多种机构所组成。如我们常见的内燃机便是由曲柄滑块机构、齿轮机构和凸轮机构所组成，而电动机只是由一个简单的二杆机构（转子和定子）所组成。

若撇开机器在做功和转换能量方面所起的作用，仅从结构和运动的观点来看，则机器和机构之间并无区别。因此，习惯上用“机械”一词作为机器和机构的总称。

（1）机构：机构中做相对运动的每一个运动的单元体称为构件。构件可以是一个独立运动的零件，但有时为了结构和工艺上的需要，常将几个零件刚性地连接在一起组成构件。由此可知，构件是独立的运动单元，而零件是制造单元。

机构学是着重研究机械中机构的结构和运动等问题的学科，是机械原理的主要分支。其研究内容是对各种常用机构如连杆机构、凸轮机构、齿轮机构、差动机构、间歇运动机构、直线运动机构、螺旋机构和方向机构等的结构和运动，以及这些机构的共性问题，在理论上和方法上进行机构分析和机构综合。机构分析包括结构分析和运动分析两部分。前者研究机构的组成并判定其运动可能性和确定性；后者考察机构在运动中位移、速度和加速度的变化规律，从而确定其运动特性。这对于如何合理使用机器、验证机器的性能是必不可少的。

机构在机器中得到了广泛的应用，但由于功能需求的多样性，组成机器的机构形式和类型也是多样的。其分类方法有：组成机构的各构件的相对运动均在同一平面内或在相互平行的平面内，则此机构称为平面机构；机构各构件的相对运动不在同一平面或平行平面内，则此机构称为空间机构。

与平面连杆机构相比，空间连杆机构常有机构紧凑、运动多样、工作灵活可靠等特点，但设计困难、制造较复杂。空间连杆机构常应用于农业机械、轻工机械、纺织机械、交通运输机械、机床、工业机器人、假肢和飞机起落架中。

由于实际构件的外形结构往往很复杂，在研究结构运动时，为了将问题简化，往往撇开与运动无关的构件外形和运动副具体结构，仅用简单线条和符号来表示构件和运动副，并按比例定出各运动副的位置，绘出简单图形来表征机构各构件间相对运动关系，称这一简图为机构运动简图。这样借助机构运动简图便可对复杂机构或机械的运动关系及相互规律、机械属性进行分析研究和认知，以进一步改善机械性能和创新设计新型机械。

（2）运动副与运动链：机构都是由构件组合而成的，其中每个构件都以一定的方式至少与另一个构件相连接，这种连接既使两个构件直接接触，又使两个构件能产生一定的相对运动。每两个构件间的这种直接接触所形成的活动连接称为运动副。

构成运动副的两个构件间的接触不外乎点、线、面三种形式，两个构件上参与接触而构成运动副的点、线、面部分称为运动副元素。

运动副的分类方法有多种：

按运动副的接触形式分类：面与面相接触的运动副，在承受载荷方面与点、线相接触的运动副相比，其接触部分的压强较低，故而接触的运动副称为低副，以点、线接触的运动副称为高副，高副比低副易磨损。

按相对运动的形式分类：构成运动副的两构件之间的相对运动若为平面运动则称为平面运动副，若为空间运动则称为空间运动副。两构件之间只做相对转动的运动副称为转动副或回转副，两构件之间只做相对移动的运动副，则称为移动副。

按运动副引入的约束数分类：引入一个约束的运动副称为一级副、引入两个约束的运动副称为二级副，依此类推，则有三级副、四级副、五级副。

按接触部分的几何形状分类：根据组成运动副的两个构件在接触部分的几何形状，可分为圆柱副、球面副、螺旋副、平面与平面副、球面与平面副、球面与圆柱副、圆柱与平面副等。

两个以上构件通过运动副的连接构成的系统称为运动链。如果组成运动链的各构件构成首末封闭的系统，则称为闭式运动链，简称闭链。如果组成运动链的各构件未构成首末封闭的系统，则称为开式运动链，简称开链。

闭链的每个构件至少有两个运动副元素，只要有一个构件间仅含一个运动副元素的都是开链。当运动链中有一个构件被指定为机架，若干个构件为主动件，从而整个组合体具有确定运动时，运动链即成为机构。同一运动链，在指定不同的构件作为机架时，可得到不同的机构。机械中绝大部分机构都由闭链组成，所以闭链是构成机构的基础。而机械手和工业机械人则是开链的具体应用。

（3）机构自由度：构件所具有的独立运动的数目（或是确定构件位置所需要的独立参变量的数目）称为构件的自由度。一个构件在未与其他构件连接前，在空间可产生6个独立运动，也就是说具有6个自由度。而两个构件直接接触构成运动副后，构件的某些独立运动将受到限制，自由度随之减少，构件之间只能产生某些相对运动。运动副对构件的独立运动所加的限制称为约束。运动副每引入一个约束，构件便失去一个自由度。两个构件间引入了多少个约束、限制构件的哪些独立运动，则完全取决于运动副的类型。

使机构具有确定运动时所必须给定的独立运动数目称为机构自由度。欲使机构具有确定运动，应使机构的主动件数等于其自由度数。如平面四杆机构的自由度为1，而平面五杆机构的自由度为2。给定平面四杆机构一个独立运动参数，机构就具有确定的运动。而对平面五杆机构，必须同时给定两个独立运动的参数，机构的运动才能完全确定。事实上，在机械制造学科中，自由度的概念也适用于机器、工件及其他任何物体等。设计的机器要具有确定的运动关系，必须限制其多余的自由度，工件加工时，对工件的定位装夹，其实就是限制其额外的自由度。当然，“自由”与“限制”的含义也是广泛的，在不同领域里、不同条件下都有其一定的约束规则和制度，都有一个“自由度”。

（4）自锁和平衡：机械在给定方向的驱动力作用下，由于摩擦原因，无论驱动力多大都不能使机械产生运动，这一现象称为自锁。

简单机构的机械效率计算公式通常是按最大摩擦力导出的，故自锁条件可由效率等于或小于零来确定。以力耦驱动构件转动时不会有自锁问题，但以不通过回转轴线的力驱动构件转动时，就有可能产生自锁现象。

实际工程中可以有效地利用自锁现象。如利用自锁现象设计的夹具，在工件加工前，首先要对工件毛坯进行定位并利用专用、通用或组合夹具对工件进行夹紧，防止其在受到切削力时工件位置发生变化，为此，夹具设计时，可以利用夹具夹紧时的自锁现象进行工件的夹紧，使得夹紧更为牢靠；利用自锁现象设计的自锁式千斤顶，可以长时间支撑重物，在除去油压时仍然可以支持重物，从而保证安全可靠。这种形式的千斤顶，一般是现代家用轿车、卡车等出厂时必备的汽车维修工具。再如自锁阀门、自锁继电器、自锁密封螺纹技术、汽车变速箱的自锁机构等应用。总之，自锁现象可以被广泛地应用。

通过合理分配各运动件的质量，以消除或减少机械运转时由于惯性力所引起的振动的措施，称为平衡。

在绕定轴转动的转子上，各定点的离心惯性力组成一个空间力系，根据力学原理将它们向任何一点简化，均可得到一个离心惯性力 F 和一个惯性力 M。这个离心惯性力和惯性力 M 将引起转子的振动，这种转子称为不平衡转子。不平衡转子在转动时，可能会发生转子断裂的重大事故。为了使转子得到平衡，必须满足 $F=0$、$M=0$ 的条件，这就是转子平衡的力学原理。在工程实际中，对转动机械一般都有一个平衡等级的要求，以保证其运转的平稳性、可靠性等。如电机的制造，必须保证电机主轴的动平衡性能；机床回转主轴组件的制造，也必须保证其回转运动时良好的动平衡性，尤其是对高速同转的主轴。如在高速切削加工时，对高速机床主轴的回转要求必须具有很高的动平衡等级，不仅如此，对高速切削下的刀柄结构以及装夹刀柄、刀具后的主轴系统，也必须满足严格的动平衡要求。否则，就会造成剧烈的振动，大大加剧其支撑轴承的磨损，从而导致发热和寿命降低，严重时还会造成刀具断裂破损等危险事故，甚至危及机器操作者的人身安全。因此，机械设计与制造时必须重视运动组件的平衡要求。

（5）摩擦与润滑：两个相互接触的物体有相对运动或有相对运动趋势时在接触处产生阻力的现象称为摩擦。因摩擦而产生的阻力称为摩擦力。相互摩擦的两物体称为摩擦副。

摩擦是一种常见的现象。在日常生活中，摩擦力也经常伴随在我们身旁。如人的行走、吃饭、洗衣服都是依靠摩擦；各种车辆的行进也是借助于摩擦。在机械工程中利用摩擦做有益工作的有带传动、制动器、离合器和摩擦焊等。摩擦现象为我们所广泛应用，是不可缺少的。但是它有时又是特别有害的。运动中的机械由于摩擦的存在，使得相互摩擦的两机件发热，轴承过度磨损，消耗额外功率，导致机械工作效率降低，机器的可靠性和使用寿命降低。航天飞机、宇宙飞船等在穿越大气层时，由于其外表面与空气的摩擦，可使得机身外表面的温度高达上千摄氏度，可以熔化任何钢铁材料。为此，航天飞机制造时，其机身外表面都粘贴有一层绝热材料。美国“发现号”航天飞机在发射时绝热泡沫材料脱落，为了保证飞机安全返回，才最终临时改变计划，出现了宇航员在太空行走设法修复绝热板的壮举。由于摩擦的存在，导致火灾给人类造成财产严重损失的事例也不少。

摩擦的类别有很多，按摩擦副的运动形式，摩擦分为滑动摩擦和滚动摩擦。前者是两相互接触物体有相对滑动或有相对滑动趋势时的摩擦，后者是两个相互接触物体有相对滚动或有相对滚动趋势时的摩擦；按摩擦副的运动状态分为静摩擦和动摩擦，前者是相互接触的两个物体有相对运动趋势并处于静止或静止临界状态时的摩擦，后者是相互接触的两物体越过静止临界状态而发生相对运动时产生的摩擦；按摩擦表面的润滑状态，摩擦可分为干摩擦、边界摩擦和流体摩擦；另外，摩擦还可分为外摩擦和内摩擦，外摩擦是指两个物体表面做相对运动时的摩擦，内摩擦是指物体内部分子间的摩擦。干摩擦和边界摩擦属于外摩擦，流体摩擦属于内摩擦。

改善摩擦副的摩擦状态以降低摩擦阻力减缓磨损的技术措施称为润滑。充分利用现代的润滑技术能显著提高机器的使用性能和寿命并减少能源消耗。按摩擦副之间润滑的材料不同，润滑可分为流体（液体、气体）润滑和固体润滑（润滑剂）。按摩擦副之间摩擦状态的不同，润滑油分为流体润滑和边界润滑。介于流体润滑和边界润滑之间的润滑状态称为混合润滑，或称部分弹性流体动压润滑。机器中相互运动的部件间，一般都要设法采取一定的润滑措施，以减少磨损，提高机器的寿命和工作性能。

二、常用的机械传动机构

（1）平面连杆机构：由许多刚性构件用低副（回转副和移动副）连接组成的平面机构，称为平面连杆机构，也叫平面低副机构。平面连杆机构广泛用于各种机械和仪表中，其种类繁多，运动形式多样，其中最基本、最常用的是四杆机构。平面四杆机构的基本形式是铰链四杆机构，如图 3-1 所示。对铰链四杆机构来说，机架和连杆总是存在的。因此，按连架杆运动情况不同，铰链四杆机构可以分为 3 种：

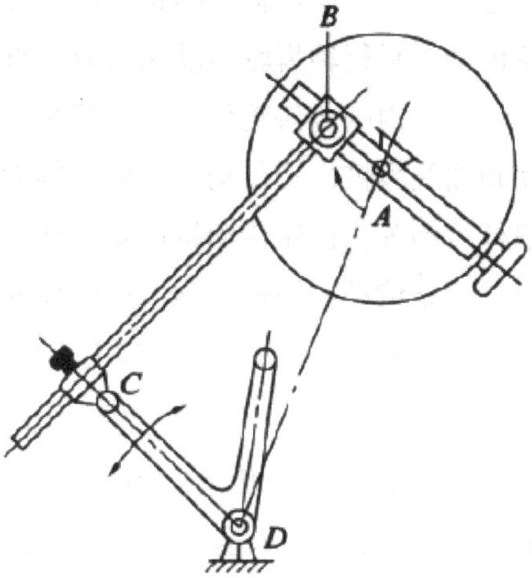

图3–1　曲柄连杆机构

曲柄摇杆机构：铰链四杆机构中，若两个连架杆中的一个为曲柄（可旋转360°），另一个为摇杆（在一定角度范围内做来回摆动），则此机构称为曲柄摇杆机构。通常曲柄为原动件，做等速转动，而摇杆为从动件，做变速往复摆动，如牛头刨床的横向自动进给机构。

双曲柄机构：两个连架杆均为曲柄的铰链四杆机构称为双曲柄机构。

双摇杆机构：两个连架杆均为摇杆的铰链四杆机构称为双摇杆机构。这种机构应用也很广泛。

显然，铰链四杆机构在实际各类机械工程中得到了广泛的应用。不仅如此，实际应用中，还广泛采用着其他形式的四杆机构，它们大多数都可看作由曲柄摇杆机构演化而成的。

（2）齿轮机构：齿轮传动是工程机械中应用最为广泛的一种传动形式，以齿轮的轮齿互相啮合传递轴间的动力和运动的机械传动。齿轮就是在其中相互啮合的有齿的机械零件，是机械工程中应用最为广泛的八大基础零件之一。

齿轮机构由主动齿轮、从动齿轮和机架组成。通过齿廓间的高副接触，将主动轮的运动和动力传递给从动轮，使从动轮获得所需要的转速、转向和转矩。它可以保证主动轴和被动轴之间的精确速比。齿轮传动应用极广，具有结构紧凑、传递功率范围广、效率高、寿命长、工作可靠、传动比准确等优点，且可实现平行轴、任意角相交轴和任意角交错轴间传动。但其制造和安装精度要求较高，不适宜远距离两轴之间的传动。否则噪声较大，齿轮承载能力会降低。

齿轮种类很多，通常有以下分类方法：齿轮按照齿形的变位可分为标准齿轮、变位齿轮；按其外形可分为圆柱齿轮、锥齿轮、齿条、蜗杆 - 蜗轮；按齿线形状可分为宜齿轮、斜齿轮、人字齿轮、曲线齿轮；按制造方法可分为铸造齿轮、切制齿轮、烧结齿轮等。

同样，齿轮传动的类型也很多，按齿轮轴线的相对位置可分为平行轴齿轮传动、相交轴齿轮传动和交错轴齿轮传动。平行轴齿轮传动又可分为直齿轮传动、斜齿轮传动、人字齿轮传动、齿轮—齿条传动和内啮合齿轮传动等。相交轴齿轮传动又可分为直齿锥齿轮传动、斜齿锥齿轮传动和曲线齿锥齿轮传动等。交错轴齿轮传动又可分为双曲面齿轮传动、螺旋齿轮传动和蜗杆传动等。齿轮传动按齿轮的外形可分为圆柱齿轮传动、锥齿轮传动、非圆柱齿轮传动、齿条传动和蜗杆传动。按轮齿的齿廓曲线可分为渐开线齿轮传动、摆线齿轮传动和圆弧齿轮传动等。常用的主要有：

圆柱齿轮传动：圆柱齿轮传动是用于两平行轴间的传动，采用的齿轮都是圆柱形的。齿轮齿形一般有直齿、斜齿、人字形齿等。相应的传动分别有直齿轮传动、斜齿轮传动和人字齿轮传动等。直齿轮传动适用于中、低速传动，斜齿轮传动运转平稳，适用于中、高速传动。人字齿轮传动适用于传递大功率和大转矩的传动。网柱齿轮传动的啮合形式有三种，分别为外啮合齿轮传动、内啮合齿轮传动和齿轮齿条传动。外啮合齿轮传动由两个外齿轮相啮合，两轮的转向相反；内啮合齿轮传动，由一个内齿轮和一个小的外齿轮相啮合，两轮的转向相同；齿轮齿条传动，可将齿轮的转动变为齿条的直线移动，或者相反。

锥齿轮传动：锥齿轮传动用于相交轴间的传动，其所采用的啮合齿轮为锥形。同样依据锥齿轮的齿形不同，锥齿轮传动有斜齿锥齿轮传动、直齿锥齿轮传动、曲线齿锥齿轮传动等。

蜗轮蜗杆传动：蜗轮蜗杆传动是交错轴传动的主要形式，轴线交错角一般为 90°。蜗杆传动可获得很大的传动比，通常单级为 8~90，传递功率可达 4500 kW，蜗杆的转速可到 30000/ 分钟，圆周速度可到 70 m/s。蜗杆传动工作平稳，传动比准确，可以自锁，但自锁时传动效率低于 0.5。蜗杆传动齿面间滑动较大，发热量较多，传动效率低，通常为 0.45~0.49。

圆弧齿轮传动：网弧齿轮传动是用凸凹圆弧做齿廓的齿轮传动。空载时两齿廓是点接触，啮合过程中接触点沿轴线方向移动，靠纵向重合度大于 1 来获得连续传动。特点是接触强度和承载能力高，易于形成油膜，无根切现象，齿面磨损较均匀，咬合性能好；但对中心距、切齿深和螺旋角的误差敏感性很大，故对制造和安装精度要求高。

摆线齿轮传动：摆线齿轮传动是用摆线做齿廓的齿轮传动。这种传动齿面间接触应力较小，耐磨性好，无根切现象，但制造精度要求高，对中心距误差十分敏感。仅用于钟表及仪表中。

（3）间歇传动机构：将主动件的连续运动转化为从动件有停歇的周期性运动的机构称为间歇运动机构。间歇运动机构可分为单向运动和往复运动两类。

单向间歇运动机构的特点是当主动件与从动件脱离接触，或虽不脱离接触但主动件不起推动作用时，从动件便不产生运动的机构。单向间歇运动机构广泛应用于生产中，如牛头刨床上工件的进给运动、转塔车床上刀具的转位运动、装配线上的步进输送运动等。棘轮机构、槽轮机构、不完全齿轮机构和凸轮单向间歇运动机构等都用这种方法来实现间歇运动。

往复间歇运动机构的特点是当主动件运动时，它会带动从动件进行往复运动。

常用的间歇机构主要有：

凸轮机构：在各种用来实现连续输入间歇输出运动传递的间歇传动机构中，应用最广泛的就是凸轮机构。凸轮机构是由凸轮、从动件和机架这三个基本构件所组成的一种高副机构。

凸轮机构的优点是结构简单、运转可靠、转位精确，无须专门的定位装置，易实现工作对动程和动停比的要求。最吸引人的特征是其多用性和灵活性，从动件的运动规律取决于凸轮轮廓曲线的形状，只要适当地设计凸轮的轮廓曲线，就可以使从动件获得各种预期的运动规律，这也是间歇运动机构不同于棘轮机构、槽轮机构的最突出优点。正是由于这些独特的特点，凸轮式间歇运动机构在轻工机械、化工机械、医疗制药、食品包装与罐装、冲压机械、制造自动化生产线等机械中得到了广泛的应用。

凸轮机构的缺点在于：凸轮廓线与从动件之间是点或线接触的高副，易于磨损，故多用在传力不太大的场合。

工程实际中根据所使用的凸轮廓面形状不同，凸轮机构形式多种多样，常用的有以下几种：

①盘形凸轮机构：凸轮呈盘状，并且具有变化的向径。当其绕固定轴转动时，可推动从动件在垂直于凸轮转轴的平面内做往复运动。它是凸轮最基本的形式，结构简单，应用最广。

②移动凸轮机构：当盘形凸轮的转轴位于无穷远处时，就演化成了板状的凸轮或楔形凸轮，这种凸轮机构通常称为移动凸轮机构。凸轮呈板状，它一般相对于机架做直线移动。在以上两种凸轮机构中，凸轮与从动件之间的相对运动均为平面运动，故又统称为平面凸轮机构。

③圆柱凸轮机构：凸轮的轮廓曲线做在圆柱体上。它可以看作把上述移动凸轮卷成圆柱体演化而成的。在这种凸轮机构中，凸轮与从动件之间的相对运动是空间运动，故它属于空间凸轮机构。

当然，工程实际应用中还有许多其他形式的凸轮机构，如弧面凸轮机构等。另外按照从动件与凸轮接触的方式不同，又可分为滚子从动件凸轮、平底从动件凸轮和尖端从动件凸轮等。

棘轮机构：棘轮机构是由棘轮和棘爪组成的一种单向间歇运动机构。它将连续转动或往复运动转换成单向步进运动。棘轮轮齿通常用单向齿，棘爪交接于摇杆上，当摇杆逆时针方向摆动时，驱动棘爪插入棘轮齿以推动棘轮同向转动；当摇杆顺时针方向摆动时，棘爪在棘轮上滑过，棘轮停止转动。为了确保棘轮不反转，常在固定构件上加装止逆棘爪。棘轮机构工作时常伴有噪声和振动，因此它的工作频率不能过高。棘轮机构常用在各种机床和自动机中间歇进给或回转工作台的转位上，也常用在千斤顶上。

槽轮机构：槽轮机构是由槽轮和圆柱销组成的单向间歇运动机构，又称马耳他机构。它常被用来将主动件的连续转动转换成从动件的带有间歇的单向周期性转动。槽轮机构有外啮合和内啮合两种形式，外啮合槽轮机构的槽轮和转臂转向相反，而内啮合相同。与外槽轮机构相比，内槽轮机构传动较平稳、停歇时间短、所占空间小。单臂外啮合槽轮机构是槽轮机构中最常用的一种，它由带圆柱销的转臂、具有4条径向槽的槽轮和机架组成。当连续转动的转臂上的圆柱销进入径向槽时，拨动槽轮转动；当圆柱销转出径向槽后，槽轮停止转动。转臂转一周，槽轮完成一次转停运动。槽轮机构一般用在转速不高、要求间歇地转过一定角度的分度装置中，如转塔车床上的刀具转位机构。它还常在电影放映机中用以间歇移动胶片等。

（4）带传动：利用紧套在带轮上的挠性环带与带轮间的摩擦力来传递动力和运动的机械传动称为带传动。根据带的截面形状不同，可分为平带传动、V带传动、同步带传动、多楔带传动等。

带传动是具有中间挠性元件的一种传动，所以它具有以下优点：能缓和载荷冲击；运行平稳，无噪声；制造和安装精度不像啮合传动那样严格；过载时将引起带在带轮上打滑，因而可防止其他零件的损坏；可增加带长以适应中心距较大的工作条件（可达15 m）。

带传动同时也有下列缺点：首先有弹性滑动和打滑，使效率降低和不能保持准确的传动比（同步带传动是靠啮合传动的，所以可保证传动同步）。其次传递同样大的圆周力时，轮廓尺寸和轴上的压力都比啮合传动大。最后是带的寿命较短。

平带传动时，带套在平滑的轮面上，靠带与轮面间的摩擦进行传动。平带传动结构简单，但容易打滑，通常用于传动比为3左右的传动。平带有胶带、强力绵纶带和高速环形带等。胶带是平带中最常用的一种，它强度高，传递功率范围广。编织带挠性好，但易松弛。强力绵纶带强度高，且不易松弛。高速环形带薄而软、挠性好、耐磨性好，专用于高速传动。平带的截面尺寸都有标准规格，可选取任意长度。

V带传动时，带放在带轮上相应的型槽内，靠带与型槽两面的摩擦实现传动。V带通常是数根并用，带轮上有相应数目的型槽。采用V带传动时，带与轮接触良好，打滑小，传动比较稳定，运动平稳。V带传动适用于中心距较短和较大传动比的场合。此外，因V带数根并用，其中一根破坏也不致发生事故。

V带有普通V带、窄V带和宽V带等类型，一般多使用普通V带。普通V带由强力层、伸张层、压缩层和包布层组成。强力层主要用来承受拉力，伸张层和压缩层在弯曲时起伸张和压缩作用，包布层的作用主要是增强带的强度。普通V带的截面尺寸和长度都有标准规格。普通V带适用于转速较高，带轮直径较小的场合。窄V带与普通V带比较，当高度相同时，其宽度比普通V带小约30%。窄V带传递功率的能力比普通V带大，允许速度和曲挠次数高，传动中心距小。适用于大功率且结构要求紧凑的传动。

平带带轮和V带带轮均由三部分组成：轮缘（用以安装传动带）；轮毂（用以安装在轴上）；轮辐或腹板（连接轮缘与轮毂）。带速较低的传动带，其带轮一般用灰铸铁HT200制造，高速时宜使用钢制带轮。在结构上，平带、V带带轮和平带、V带一样，其截面形状均有标准规格，带轮应易于制造，能避免由于铸造而产生过大的内应力，重量要轻。高速带轮还要进行动平衡。带轮工作面要保证适当的粗糙度值，以免很快把带磨坏。

同步齿形带传动是一种特殊的带传动。带的工作面要做成齿形，带轮的轮缘表面也做成相应的齿形，带与带轮靠啮合进行传动。与普通带传动相比，同步齿形带传动的特点是：带与带轮间无相对滑动，传动比恒定；可用于速度较高的场合；结构紧凑，耐磨性好；制造和安装精度较高，要求有严格的中心距，成本较高。同步齿形带传动主要用于要求传动比准确的场合，如计算机中的外部设备、电影放映机、录像机和纺织机械等。

（5）链传动：利用链与链轮轮齿的啮合来传递动力和运动的机械传动称为链传动。链传动在传递功率、速度、传动比、中心距等方面都有很广的应用范围。目前，最大传递功率达到5000千瓦，最高速度达到40 m/s，最大传动比达到15，最大中心距达到8 m。但在一般情况下，链传动的传动功率一般小于100 kW，速度小于15 m/s，传动比小于8。链传动广泛应用于农业、采矿、冶金、起重、运输、石油、化工、纺织等各种机械的动力传动中。

和带传动相比，链传动的优点主要有：没有滑动；工况相同时，传动尺寸比较紧凑；不需要很大的张紧力，作用在轴上的载荷较小；效率较高；能在温度较高、湿度较大的环境中使用等。因链传动具有中间元件（链），和齿轮、蜗杆传动比较，需要时轴间距离可以很大。

链传动的缺点主要有：只能用于平行轴间的传动；瞬时速度不均匀，高速运转时不如带传动平稳；不宜在载荷变化很大和急促反向的传动中应用；工作时有噪声；制造费用比带传动高等。

链传动主要有下列几种形式：套筒链、套筒滚子链（简称滚子链）和齿形链。

滚子链是由内链板、外链板、销轴、套筒、滚子等组成。销轴与外链板、套筒与内链板分别用过盈配合固定，滚子与套筒为间隙配合。套筒链除没有滚子外，其他结构与滚子链相同。当链节属伸时，套筒可在销轴上自由转动。当套筒链和链轮进入啮合和脱离啮合时，套筒将沿链轮轮齿表面滑动，易引起轮齿磨损。滚子链则不同，滚子起着变滑动摩擦为滚动摩擦的作用，有利于减小摩擦和磨损。

套筒链结构较简单、重量较轻、价格较便宜，常在低速传动中应用。滚子链较套筒链贵，但使用寿命长，且有减低噪声的作用，故应用很广。

齿形链是由彼此用铰链连接起来的齿形链板所组成，链板两工作侧面间的夹角为60°，链板的工作面与链轮相啮合。为防止链条在工作时从链轮上脱落，链条上装有内导片或外导片，啮合时导片与链轮上相应的导槽嵌合。

和滚子链比较，齿形链具有工作平稳、噪声较小、允许链速较高、承受冲击载荷能力较好（有严重冲击载荷时，最好采用带传动）和轮齿受力较均匀等优点；但价格较贵、重量较大并且对安装和维护的要求也较高。

链轮结构也有一定的标准，但与带轮相比，其标准较宽松，有一定的范围，因而链轮齿廓曲线的几何形状可以有很大的灵活性。链轮轮齿的齿形应保证链节能自由地进入和退出啮合，在啮合时应保证良好的接触，同时它的形状应尽可能地简单。小直径链轮可采用实心式、腹板式，或将链轮与轴做成一体。链轮损坏主要由于齿的磨损，所以大链轮最好采用齿圈可以更换的组合式。

（6）流体传动：用流体作为工作介质的一种传动称为流体传动。其中，依靠液体的静压力传递能量的称为液压传动。依靠叶轮与液体之间的流体动力作用传递能量的称为液力传动。利用气体的压力传递能量的称为气压传动。

流体传动系统中最基本的组成部分是：将机械能转换成液体压力能的转换元件，如压缩机、液压泵和泵轮等；将流体压力能转换成机械能的转换元件，如气动马达、气缸、液压马达、液压缸和涡轮等，这种转换元件也称为执行元件；对流体能量进行控制的各种控制元件，如液压控制阀、液压伺服阀、气动逻辑元件和射流元件等。此外流体传动系统中坯包括液力耦合器、液力变矩器、活塞与气缸等部分。

流体传动系统中常用的元件有：

液压泵：液压泵是为液压传动提供加压液体的一种液压元件，是泵的一种。它的功能是把动力机的机械能转换成液体的压力能。输出流量可以根据需要来调节的称为变量泵，流量不能调节的为定量泵。常用的液压泵有齿轮泵、叶片泵和柱塞泵3种。齿轮泵体积小，结构简单，对油的清洁度要求不严，但泵受不平衡力，磨损严重，泄漏较大。叶片泵流量均匀，运转平稳，噪声小，工作压力和容积效率比齿轮泵高，结构也比齿轮泵复杂。柱塞泵容积效率高，泄漏小，可在高压下工作，多用于大功率液压系统；但结构复杂，价格贵，对油的清洁度要求高。一般在齿轮泵和叶片泵不能满足要求时才用柱塞泵。

液压马达：液压马达是液压传动中的一种执行元件。它的功能是把液体的压力能转换为机械能以驱动工作部件。它与液压泵的功能恰恰相反。液压马达在结构、分类和工作原理上与液压泵大致相同。有些液压泵也可直接用作液压马达。液压泵只是单向转动，而液压马达则能正反转。液压马达可分为柱塞马达、齿轮马达和叶片马达。柱塞马达种类较多，有轴向柱塞马达和径向柱塞马达。轴向柱塞马达大都属于高速马达，径向柱塞马达则属于低速马达。齿轮马达和叶片马达属于高速马达，它们的惯性和输出扭矩很小，便于起动和反向，但在低速时速度不稳或效率显著降低。

液压控制阀：液压控制阀是液压传动中用来控制液体压力、流量和方向的元件。液压控制阀主要有三类，其中控制压力的称为压力控制阀，控制流量的称为流量控制阀，控制通、断和流向的称为方向控制阀。

压力控制阀按用途分为溢流阀、减压阀和顺序阀。溢流阀能控制液压。液压集成阀体系统在达到调定压力时保持恒定状态。当系统发生故障，压力升高到可能造成破坏的限定值时，阀口会打开而溢流，以保证系统的安全。减压阀能控制分支回路得到比主回路油压低的稳定压力。顺序阀能使一个执行元件动作以后，再按顺序使其他执行元件动作。

流量控制阀的功能是调节阀芯和阀体间的节流口面积和它所产生的局部阻力对流量进行调节，从而控制执行元件的速度。流量控制阀按用途分为5种：①节流阀：在调定节流口面积后，能使载荷压力变化不大和运动均匀性要求不高的执行元件的运动速度基本上保持稳定。②调速阀：在载荷压力变化时能保证节流阀的进出口压差为定值。③分流阀：不论载荷大小，能使同一油源的两个执行元件得到相等流量的为等量分流阀，得到按比例分配流量的为比例分流阀。④集流阀：作用与分流阀相反，使流入集流阀的流量按比例分配。⑤分流集流阀：兼有分流阀和集流阀两种功能。

方向控制阀按用途分为单向阀和换向阀。单向阀只允许流体在管道中单向接通，反向即切断。换向阀能改变不同管路间的通、断关系。根据阀芯在阀体中的工作位置数分两位、三位等；根据所控制的通道数分两通、三通、四通、五通等；根据阀芯驱动方式分手动、机动、电动、液动等。

液力耦合器：液力耦合器是以液体为工作介质的一种非刚性联轴器，又称液力联轴器。液力耦合器靠液体与泵轮、涡轮的叶片相互作用产生动量矩的变化来传递扭矩。液力耦合器的输入轴和输出轴间靠液体联系，工件构件间不存在刚性连接。液力耦合器的特点是：能消除冲击和振动；输出转速低于输入转速，两轴的转速差随着载荷的增大而增加；过载保护性能和起动性能好。

液力变矩器：液力变矩器是以液体为工作介质的一种非刚性扭矩变换器。液力变矩器靠液体与叶片相互作用产生动量矩的变化来传递扭矩。液力变矩器不同于液力耦合器的主要特征是它具有固定的导轮。导轮对液体的导流作用使液力变矩器的输出扭矩可高于或低于输入扭矩，因而成为变矩器。液力变矩器特点是：能消除冲击和振动，过载保护性能和起动性能好；输出转速可大于或小于输入转速，两轴的转速差随传递扭矩的大小而不同；有良好的自动变速性能。

气缸和液压缸：气缸是用于气压传动中的实现往复运动的气动执行元件。它主要由活塞、活塞杆和气缸体等组成。其中，沿缸体轴线往复运动的活塞零件一般有网盘形、圆柱形和圆筒形 3 种形式。在气缸中，活塞在气压的推动下做功。活塞的工作端面承受工作气体的压力，并与缸盖、缸壁构成燃烧室或压缩容积。活塞可用铸铁、锻钢、铸钢和铝合金等材料制造。气缸是气压传动中将压缩气体的压力能转换为机械能的气动执行元件。气缸一般分为单作用气缸和双作用气缸两种。在单作用气缸中，仅一端有活塞杆，活塞将气缸分成两部分。而双作用气缸中，两端都有活塞杆，分别从活塞的两侧供气。同样，在液压传动中，有液压缸执行元件，结构和工作原理同气缸类似。

（7）其他传动

摩擦轮传动：利用两个或两个以上相互压紧的轮子间的摩擦力传递动力和运动的机械传动称为摩擦轮传动。工作时摩擦轮之间必须有足够的压紧力，以免产生打滑现象。摩擦轮传动按传动比的不同可分为定传动比摩擦轮传动和变传动比摩擦轮传动两类。定传动比摩擦轮传动按照摩擦轮形状不同，又可分为网柱平摩擦轮传动和圆柱槽摩擦轮传动。在相同径向压力下，槽摩擦轮传动可以产生较大的摩擦力，比平摩擦轮具有较高的传动能力，但槽轮易磨损。变传动比摩擦轮传动易实现无级变速，并具有较大的调速幅度。摩擦轮传动具有结构简单、传动平稳、传动比调节方便、过载时能产生打滑而避免损坏装置等优点。其缺点是传动比不准确、效率低、磨损大，而且通常轴受力较大，所以主要用于传递动力不大、传动比要求不严格或需要无级调速的情况。

螺旋传动：利用螺杆和螺母的啮合来传递运动和动力的机械传动称为螺旋传动。主要用于将旋转运动转换成直线运动，将转矩转换成推力。按工作特点，螺旋传动分为传力螺旋、传导螺旋和调整螺旋。①传力螺旋以传力为主，它用较小的转矩产生较大的轴向推力，一般为间歇工作，工作速度不高，而且通常要求自锁，如螺旋压力机和螺旋千斤顶上的螺旋。②传导螺旋以传递运动为主，常要求具有高运动精度，一般在较长时间内连续工作，工作速度也较高，如机床的丝杠。③调整螺旋用于调整并固定零件或部件的相对位置，一般不经常转动，要求自锁，有时也要求很高精度，如机器和精密仪表微调机构的螺旋。

三、连接、支撑、制动与密封

（1）连接的类型：利用不同方式将机械零件连成一体的技术称为连接。

机器由很多零部件组成，这些零部件通过连接来实现机器的职能，所以连接是构成机器的重要环节。按被连接件间的相互关系，连接分为静连接和动连接。机器工作时，被连接件间的相互位置不容许变化的称为静连接，被连接件间的相互位置在工作时容许有一定形式的变化称为动连接。按连接件能否不被毁坏而拆开，连接可分为可拆连接和不可拆连接。可拆连接有螺纹连接、楔连接、销连接、键连接和花键连接等。采用可拆连接通常是由于结构、维护、制造、装配、运输和安装等方面的原因。不可拆连接有斜接、焊接和胶接等。采用不可拆连接通常是由于工艺上的原因。

（2）联轴器：连接主动轴和从动轴，使之共同旋转，以传递运动和扭矩的机械零件，称为联轴器。联轴器由两半部分组成，分别与主动轴、从动轴连接，并连接成一体。大多数动力机都依靠联轴器与工作机连接。联轴器的类型很多，通常分为刚性联轴器和弹性联轴器两类。

刚性联轴器：刚性联轴器适用于两轴能严格对中并在工作中不发生相对位移的地方。主要有凸缘联轴器、套筒联轴器和夹壳联轴器三种。刚性联轴器结构简单，价格较低，制造容易，两轴瞬时转速相同，但要求所联两轴保持在同轴线上无相对位移，以免产生附加动载。

在刚性联轴器中，凸缘联轴器是应用最广的一种。这种联轴器主要由两个分装在轴端的半联轴器和连接它们的螺栓所组成。凸缘联轴器对中精度可靠，传递转矩较大，但要求两轴同轴度好，主要用于载荷平稳的连接中。

套筒联轴器由连接两轴轴端的套筒和连接套筒与轴的连接零件（键或销钉）所组成。套筒联轴器径向尺寸和转动惯量都很小，可用于启动频繁、速度常变的传动。由于这种联轴器的径向尺寸较小，所以在机床中应用很广。

夹壳联轴器由纵向剖分的两半筒形夹克和连接它们的螺栓组成。由于这种联轴器在装卸时不用移动轴，所以使用起来很方便，夹壳联轴器常用于连接垂直安置的轴。

弹性联轴器：弹性联轴器适用于两轴有偏斜或在工作中有相对位移的地方。如弹性销轴联轴器，它是靠弹性销轴元件的弹性变形来补偿两轴轴线的相对位移，且有缓冲、减震性能。背性元件的材料有金属和非金属两种。金属弹性元件强度高，承载能力大，弹性模量大而稳定，受温度影响小，但成本较高。使用金属弹性元件的联轴器有簧片联轴器、盘簧联轴器、卷簧联轴器等。簧片联轴器具有高弹性和良好的阻尼性能，适用于载荷变化不大的大功率场合。盘簧联轴器由带状弹簧绕在两半联轴器的齿间构成，依靠不同的齿形可做成定刚度或变刚度的联轴器，后者适用于扭矩变化较大的两轴间的连接。

使用非金属弹性元件容易得到不同的刚度，内摩擦大，单位体积储存的变形能大，阻尼效果好，工作时无须润滑，重量轻，但强度较低，承载能力小，材料容易老化和磨损，寿命较短。使用橡胶、尼龙和聚氨酯等非金属弹性元件的有弹性圆柱联轴器、轮胎联轴器、高弹性橡胶联轴器、橡胶套筒联轴器、橡胶板联轴器和尼龙柱销联轴器等。弹性圆柱联轴器广泛用于载荷平稳、要求正反转或起动频繁的传动。轮胎联轴器用橡胶或橡胶织物制成轮胎作为弹性元件，扭转刚度小，缓冲减震能力强，适用于潮湿、多尘、冲击大、需要正反转或两轴相对位移较大的连接，在起重运输机械中应用较广。高弹性橡胶常成对配置，具有较高的弹性和良好的减震性能。橡胶套筒联轴器和橡胶板联轴器结构简单，易于制造，应用也很广泛。尼龙柱销联轴器与弹性圈柱联轴器相似，但结构较简单，耐磨性和减振能力也较强。

（3）离合器：离合器也是连接两轴使之一同回转并传递转矩的一种部件。离合器和联轴器的不同点是：联轴器只有在机器停车后用拆卸方法才能把两轴分离；而离合器不必采用拆卸方法，在机器工作时就能将两轴分离或接合。利用离合器可使机器起动、停止、换向和变速等。例如，机床中的离合器可使主轴迅速与动力机接合或分离，能节省停车和启动等辅助时间，提高机床的生产率。

离合器的种类很多，按控制方式可分为操纵式和自动式。操纵式的有嵌入式离合器、摩擦离合器、磁粉离合器等；自动式的有安全离合器、离心离合器、超越离合器等。

嵌入式离合器通过牙、齿或键的嵌合来传递扭矩。它结构简单，外形尺寸较小，可传递较大的扭矩；但接合时有冲击，两轴间转速不宜过大。

摩擦离合器利用摩擦力传递扭矩。它接合和分离迅速，操作方便，振动和冲击较小，超载时其摩擦件发生打滑，有过载保护作用；但从动轴与主动轴不能严格同步，摩擦件的微量打滑导致能量损失并会发热和磨损，所以需要经常调整和更换。

磁粉离合器利用激磁线圈使磁粉磁化，形成磁粉链以传递扭矩。电流增大时，磁场增强，则磁粉链传递扭矩增大。这种离合器离合迅速，运转平稳，能使主、从动轴在同步、有转速差和制动状态下工作；通过磁粉打滑可起过载保护作用，通过控制电流易于实现无级调速。

安全离合器能在载荷达到最大值时使连接件破坏、分开和打滑等，从而防止机器中重要零件的损坏。

离心离合器有自动连接的和自动分离的两种。前者在机器起动后，当主动轴转速升高到某一定值时，离合器上瓦块的离心力将克服弹簧拉力作用在外鼓轮上，从而将运动传递到从动轴；后者是限制从动轴最高转速的一种装置，当轴的转速升高到某一定值时，离合器就由于离心力的作用而处于分离状态。

超越离合器利用棘轮 - 棘爪的啮合或滚柱、楔块的楔紧作用单向传递运动或扭矩。当主动轴反转或转速低于从动轴时，离合器就自动分离，是一种定向离合器。啮合式结构简单，但外形尺寸大，分离状态下有噪声，常用于低速不重要的场合。楔紧式结合平稳，无噪声，外形尺寸小，但制造工艺要求高，可用于高速和重载情况。

（4）制动器：制动器是使机械中的运动件停止或减速的机械零件，俗称刹车或闸。

制动器主要由制动架、制动件和操纵装置等组成。为了减小制动力矩和结构尺寸，通常装在高速轴上。但对安全性要求高的机器，如电梯和矿井卷扬机等，则应直接装在卷筒轴上。

制动器分为摩擦式和非摩擦式两类。摩擦式制动器靠制动件和运动件的摩擦力制动。按制动件的结构形式又分为块式制动器、带式制动器和盘式制动器等。摩擦式制动器按制动件所处工作状态还分为常闭式制动器和常开式制动器。前者经常处于紧闸状态，要施加外力才能解除制动作用；后者经常处于松闸状态，要施加外力才能制动。非摩擦式制动器有电磁制动器和水涡流制动器。

块式制动器是靠制动块压紧在制动轮上实现制动的制动器。单个制动块对制动轮轴压力大而不匀，故通常多用一对制动块，使制动轮轴上所受制动块的压力抵消。块式制动器有外抱式和内张式两种。外抱式制动器的磁铁直接装在制动臂上。工作时，动铁芯绕销轴实现松闸；磁铁断电时靠主弹簧紧闸。这种制动器结构紧凑，紧闸和松闸动作快，但冲击力大。内张式制动器的制动块位于制动轮的内部，通过踏板、拉杆和凸块使制动块张开，压紧制动轮内面而紧闸，松开踏板则弹簧拉回制动块而松闸。这种制动器也可用液压或气压等操作。内张式块式制动器结构紧凑，防尘性好，可用于安装空间受限制的场合，广泛用于各种车辆。

带式制动器是利用挠性钢带压紧制动轮来实现制动的制动器。挠性钢带中多装有皮革、木块或石棉摩擦材料，以增大摩擦系数和减轻带的磨损。带式制动器构造简单，尺寸紧凑，但制动轮轴上受力较大，摩擦面上压力分布不均匀，因而磨损也不均匀。这种制动器通常用于中小型起重机、车辆和人力操纵的场合，不如块式制动器应用广泛。

盘式制动器是靠网盘间的摩擦力实现制动的制动器，主要有全盘式和点盘式两种类型。全盘式制动器由定圆盘和动画盘组成。定圆盘通过导向平键或花键连接于固定壳内，而动圆盘用导向平键或花键装在制动轴上，并随轴一起旋转。当受到轴向力时，动、定圆盘相互压紧而制动。这种制动器结构紧凑，摩擦面积大，制动力矩大，但散热条件差。点盘式制动器的制动块通过液压驱动装置夹紧装在轴上的制动盘而实现制动。为增大制动力矩，可采用数对制动块。各对制动块在径向上成对布置，以使制动轴不受径向力和弯矩。点盘式制动器比全盘式制动器散热条件好，装拆也比较方便。盘式制动器体积小、质量小、动作灵敏，多用于起重运输机械和卷扬机等机械中。

电磁制动器是利用电磁效应实现制动的制动器，分为电磁粉末制动器和电磁涡流制动器两种，在电磁粉末制动器中，激磁线圈通电时形成磁场，磁粉在磁场作用下磁化，形成磁粉链，靠磁粉的结合力和摩擦力实现制动。这种制动器体积小、重量轻，激磁功率小，而且制动力矩与转动件转速无关，但磁粉会引起零件磨损。它便于自动控制，适用于各种机器的驱动系统。在电磁涡流制动器中，激磁线圈通电时形成磁场，制动轴上的电枢旋转切割磁力线而产生涡流。电枢内的涡流与磁场相互作用形成制动力矩。电磁涡流制动器坚固耐用、维修方便、调速范围大；但低速时效率低、升温高，必须采取散热措施。这种制动器常用于有垂直载荷的机械中。

（5）轴承：轴承也是支撑和约束轴的旋转或摆动的八大基础机械零件之一。轴承和轴构成活动连接，借以传递载荷和约束轴的运动。常见的轴承主要有滑动轴承和滚动轴承两大类，前者在滑动摩擦下工作，后者在滚动摩擦下工作。

滑动轴承是在滑动摩擦条件下工作的一类轴承。用来承受径向载荷的称为径向滑动轴承，用来承受轴向载荷的称为推动滑动轴承。轴被轴承支撑的部分称为轴颈，与轴颈相配的零件称为轴瓦。使用中多数是轴承固定，轴在轴承中旋转。滑动轴承用油作润滑剂，是两相对运动表面完全为油膜隔离开。这一类轴承在液体润滑下工作，载荷由油膜压力支撑，其摩擦完全取决于油的黏度，所以摩擦阻力很小。正常工作时，运动表面不会直接接触，所以没有磨损。滑动轴承工作平稳、可靠、无噪声，在液体润滑条件下油膜还具有一定的吸振作用。

滚动轴承是用一组滚动元件把两相对运动表面隔开，在滚动摩擦下工作的一类轴承。滚动轴承按承载方向可分为向心轴承和推力轴承。向心轴承主要承受径向力，也能同时承受不大的轴向力；推力轴承只能承受轴向力。向心推力轴承能同时承受径向力和轴向力。滚动轴承按滚动元件形状又可分为球轴承、滚子轴承和滚针轴承。转速较高、载荷较小、要求旋转精度较高时宜选用球轴承；载荷大时宜选用滚子轴承；载荷大而径向尺寸又受限制时宜选用滚针轴承。向心轴承的套圈分内圈和外圈，内圈常与轴紧套并随轴一起旋转，外圈装在轴承座孔中。滚动体沿套圈的滚道滚动，由保持架隔开，避免相互摩擦。推力轴承分紧圈和活圈两部分。紧圈与轴紧套，活圈支承在轴承座上。滚动轴承的摩擦系数比较低，且不随速度变化，所以机器容易启动。滚动轴承的标准化和商品化程度很高，便于选用。滚动轴承消耗润滑剂少，大多能用脂润滑，润滑脂不易流失，使用维护方便。与滑动轴承比较，滚动轴承的径向尺寸较大，减振能力较差，高速时寿命较低、噪声较大。

轴承的应用非常广泛，几乎所有的动力机械中都离不开轴承。

（6）弹簧：弹簧是利用自身的变形来产生力或储存能量的零件，也是机械中最常用的零件之一。弹簧的主要功用是：控制机械的运动，如内燃机中的阀门弹簧、离合器中的控制弹簧；吸收振动和冲击能量，如车辆中的缓冲弹簧、联轴器中的吸振弹簧；储蓄能量，如钟表弹簧；测量力的大小，如测力器和弹簧秤中的弹簧等。

弹簧按照受力的性质，主要分为拉伸弹簧、压缩弹簧、扭转弹簧和弯曲弹簧等四种。按照弹簧形状又可分为螺旋弹簧、碟形弹簧、环形弹簧、板弹簧、盘簧等。

螺旋弹簧是用弹簧丝卷绕制成的，由于制造简便，所以应用最广。碟形弹簧和环形弹簧能承受很大的冲击载荷，并具有良好的吸振能力，所以常用作缓冲弹簧。在载荷相当大和弹簧轴向尺寸受限制的地方，可以采用碟形弹簧。环形弹簧是目前最强力的缓冲弹簧，近代重型列车、锻压设备和飞机着陆装置中用它作为缓冲零件。螺旋扭转弹簧是扭转弹簧中最常用的一种。当受载不很大而轴向尺寸又很小时，可以采用盘簧。盘簧在各种仪器中广泛地用作储能装置。板弹簧主要受弯曲作用，它常用于受载方向尺寸有限制而变形量又较大的地方。由于板弹簧有较好的消振能力，所以在汽车、铁路客货车等车辆中应用很普遍。

（7）密封：密封是防止工作介质从机器（或设备）中泄漏或外界杂质侵入其内部的一种措施。密封分为静密封和动密封。机械（或设备）中相对静止件间的密封称为静密封；相对运动件间的密封称为动密封。被密封的工作介质可以是气体、液体或粉状固体。密封不良会降低机器效率、造成浪费和污染环境。易燃、易爆或有毒性的工作介质泄漏会危及人身和设备安全。气、水或粉尘侵入设备会污染工作介质，影响产品质量，增加零件磨损，缩短机器寿命。

第四章　机械制造工艺与设备

第一节　热加工

热加工是在高于再结晶温度的条件下，使金属材料同时产生塑性变形和再结晶的加工方法。热加工通常包括铸造、锻造、焊接、热处理等工艺。热加工能使金属零件在成型的同时改善它的组织或者使已成型的零件改变既定状态以改善零件的机械性能。

一、铸造

熔炼金属，制造铸型，并将熔融金属浇入铸型，凝固后获得一定形状和性能铸件的成形方法，称为铸造。铸造是一门应用科学，广泛用于生产机器零件或毛坯，其实质是液态金属逐步冷却凝固而成形，具有以下优点：

可以生产出形状复杂，特别是具有复杂内腔的零件毛坯，如各种箱体、床身、机架等。

铸造生产的适应性广，工艺灵活性大。工业上常用的金属材料均可用来进行铸造，铸件的重量可由几克到几百吨，壁厚可由 0.5 mm 到 1 m。

铸造用原材料大都来源广泛，价格低廉，并可直接利用废机件，故铸件成本较低。

但是，液态成型也给铸件带来某些缺点，如铸造组织疏松、晶粒粗大，内部易产生缩孔、缩松、气孔等缺陷。因此，铸件的力学性能，特别是冲击初度低于同种材料的锻件。加之铸造工序多，且难于精确控制，使得铸件质量不够稳定。同时铸造的劳动条件差。

尽管铸造存在上述缺点，但是其优点也是显而易见的，故铸造在工业生产中得到广泛应用。现代各类机器设备中，铸件所占的比例很大，如在机床、内燃机中，铸件占机器总重的 70%~80%，在一些重型机械中，铸件可占总重的 90% 以上。

随着铸造技术的发展，除了机器制造业外，在公共设施、生活用品、工艺美术和建筑等国民经济各个领域，也广泛采用各种铸件。

铸件的生产工艺方法大体分为砂型铸造和特种铸造两大类。

（1）砂型铸造：在砂型铸造中，造型和造芯是最基本的工序。它们对铸件的质量、生产率和成本的影响很大。造型通常可分为手工造型和机器造型。手工造型是用手工或手动工具完成紧砂、起模、修型工序。其特点为：①操作灵活，可按铸件尺寸、形状、批量与现场生产条件灵活地选用具体的造型方法；②工艺适应性强；③生产准备周期短；④生产效率低；⑤质量稳定性差，铸件尺寸精度、表面质量较差；⑥对工人技术要求高，劳动强度大。

手工造型主要适用于单件、小批量铸件或难以用造型机械生产的形状复杂的大型铸件。

随着现代化大生产的发展，机器造型已代替了大部分的手工造型，机器造型不但生产率高，而且质量稳定，劳动强度低，是成批大量生产铸件的主要方法。机器造型的实质是采用机器完成全部操作，至少完成紧砂操作的造型方法，效率高，铸型和铸件质量高，但投资较大。适用于大量或成批生产的中小铸件。

在铸造生产中，一般根据产品的结构、技术要求、生产批量及生产条件进行工艺设计。铸造工艺设计包括选择浇铸位置和分型面、确定浇铸系统、确定型芯的形式等几个方面。

（2）特种铸造：随着科学技术的发展和生产水平的提高，对铸件质量、劳动生产率、劳动条件和生产成本有了进一步的要求，因而铸造方法有了长足的发展。所谓特种铸造，是指有别于砂型铸造方法的其他铸造工艺。目前特种铸造方法已发展到几十种。常用的有熔模铸造、金属型铸造、离心铸造、压力铸造、低压铸造、陶瓷型铸造、实型铸造、磁型铸造、石墨型铸造、差压铸造、连续铸造、挤压铸造等。

特种铸造能获得如此迅速的发展，主要由于这些方法一般都能提高铸件的尺寸精度和表面质量，或提高铸件的物理及力学性能；此外，大多能提高金属的利用率（工艺出品率），减少原砂消耗量；有些方法更适宜于高熔点、低流动性、易氧化合金铸件的铸造；有的明显可改善劳动条件，并便于实现机械化和自动化生产等。

（3）铸造技术的发展趋势：随着科学技术的进步和国民经济的发展，对铸造提出优质、低耗、高效少污染的要求，铸造技术将向以下几方面发展：

①数字化、自动化技术的发展：随着汽车工业等大批大量制造的要求，各种新的造型方法（如高压造型、射压造型、气冲造型等）和制芯方法进一步开发和推广。当前，功能强大的现代 CAD/CAM 软件和数控机床等数字化成型与加工工具和设备的发展，为铸型的设计、制造提供了高效、高精度的铸型制造方法。

②特种铸造工艺的发展：随着现代工业对铸件的比强度、比刚度的要求增加，以及少无切削加工的发展，特种铸造工艺向大型铸件方向发展。铸造柔性加工系统逐步推广，逐步适应多品种少批量的产品升级换代的需求。复合铸造技术（如挤压铸造和熔模真空吸铸）和一些全新的工艺方法（如实型铸造工艺、超级合金等离子滴铸工艺等）逐步进入应用。

③特殊性能合金进入应用：球墨铸铁、合金钢、铝合金等高比强度、高比刚度的材料逐步进入应用。新型铸造功能材料如铸造复合材料、阻尼材料和具有特殊磁学、电学、热学性能和耐辐射材料进入铸造成型领域。

④微电子技术进入使用：铸造生产的各个环节已开始使用微电子技术，如铸造工艺和模具的 CAD 及 CAM，凝固过程数值模拟，铸造过程自动检测、监测与控制，铸造工程 MIS，各种数据及专家系统，机器人的应用等。

⑤新的造型材料的开发和应用。

二、焊接

焊接是现代制造技术中重要的金属连接技术。焊接成型技术的本质在于：利用加热或者同时加热加压的方法，使分离的金属零件形成原子间的结合，从而形成新的金属结构。

焊接的实质是使两个分离的物体通过加热或加压，或两者并用，在用或不用填充材料的条件下借助于原子间或分子间的联系与质点的扩散作用形成一个整体的过程。要使两个分离的物体形成永久性结合，首先必须使两个物体相互接近到 0.3~0.5 nm 的距离，使之达到原子间的力能够互相作用的程度，这对液体来说是很容易的。但对固体则需外部给予很大的能量才能使其接触表面之间达到原子间结合的距离。而实际金属由于固体硬度较高，无论其表面精度多高，实际上也只能是部分点接触，加之其表面还会有各种杂质，如氧化物、油脂、尘土及气体分子的吸附所形成的薄膜等，这些都是妨碍两个物体原子结合的因素。焊接技术就是采用加热、加压或两者并用的方法，来克服阻碍原子结合的因素，以达到二者永久牢固连接的目的。

（1）焊接的优点：①接头的力学性能与使用性能良好。例如，120 万 kW 核电站锅炉，外径 6400 mm，壁厚 200 mm，高 13000 mm，耐压 17.5 MPa。使用温度 350℃，接缝不能泄漏。应用焊接方法，制造出了满足上述要求的结构。某些零件的制造只能采用焊接的方法连接。例如电子产品中的芯片和印刷电路板之间的连接，要求导电并具有一定的强度，到目前为止，只能用钎焊连接。②采用焊接工艺制造的金属结构重量轻，节约原材料，制造周期短，成本低。

（2）焊接存在的问题是：焊接接头的组织和性能与母材相比会发生变化；容易产生焊接裂纹等缺陷；焊接后会产生残余应力与变形。这些都会影响焊接结构的质量。

（3）焊接种类：根据焊接过程的特点，主要有熔化焊、压力焊、钎焊。

熔化焊是利用局部加热的手段，将工件的焊接处加热到熔化状态，形成熔池，然后冷却结晶，形成焊缝。熔化焊简称熔焊。

压力焊是在焊接过程中对工件加压（加热或不加热）完成焊接。压力焊简称压焊。

钎焊是利用熔点比母材低的填充金属熔化以后，填充接头间隙并与固态的母材相互扩散实现连接。

焊接广泛用于汽车、造船、飞机、锅炉、压力容器、建筑、电子等工业部门，世界上钢产量的 50%~60% 要经过焊接才能最终投入使用。

（4）焊接的方法：

①手工电弧焊：手工电弧焊是利用手工操纵电焊条进行焊接的电弧焊方法。电弧导电时，产生大量的热量，同时发出强烈的弧光。手工电弧焊是利用电弧的热量熔化熔池和焊条的。

焊缝形成过程：焊接时，在电弧高热的作用下，被焊金属局部熔化，在电弧吹力作用下，被焊金属上形成了卵形的凹坑。这个凹坑称为熔池。

由于焊接时焊条倾斜，在电弧吹力作用下，熔池的金属被排向熔池后方，这样电弧就能不断地使深处的被焊金属熔化，达到一定的熔深。

焊条药皮熔化过程中会产生某种气体和液态熔渣。产生的气体充满电弧和熔池周围的空间，起到隔绝空气的作用。液态熔渣浮在液体金属表面，起保护液体金属的作用。此外，熔化的焊条金属向熔池过渡，不断填充焊缝。

熔池中的液态金属、液态熔渣和气体之间进行着复杂的物理、化学反应，称为冶金反应，这种反应对焊缝的质量有较大的影响。

熔渣的凝固温度低于液态金属的结晶温度，冶金反应中产生的杂质与气体能从熔池金属中不断被排出。熔渣凝固后，均匀地覆盖在焊缝上。

焊缝的空间位置有平焊、横焊、立焊和仰焊。焊条的组成与作用：焊条对手工电弧焊的冶金过程有极大的影响，是决定手工电弧焊焊接质量的主要因素。

焊条由焊芯与药皮组成。焊芯是一根具有一定长度与直径的钢丝。由于焊芯的成分会直接影响焊缝的质量，所以焊芯用的钢丝都需经过特殊冶炼，有专门的牌号。这种焊接专用钢丝称为焊丝。

焊条的直径就是指焊芯的直径。结构钢焊条直径从 1.6~8 mm，共分 8 种规格。焊条的长度是指焊芯的长度，一般均在 200~550 mm 之间。

在焊接技术发展的初期，电弧焊采用没有药皮的光焊丝焊接。在焊接过程中，电弧很不稳定。此外，空气中的氧气和氮气大量侵入熔池，将铁、碳、钵等氧化或氮化成各种银化物和氮化物。溶入的气体又产生大量气孔，这些导致焊缝的力学性能大大降低。

在20世纪30年代，发明了药皮焊条，解决了上述问题，使电弧焊大量应用于工业中。

药皮的主要作用是：

药皮中的稳弧剂可以使电弧稳定燃烧，飞溅少，焊缝成型好。

药皮中有造气剂，熔化时释放的气体可以隔离空气，保护电弧空间熔化后产生熔渣。熔渣覆盖在熔池上可以保护熔池。

药皮中有脱氧剂（主要是钵铁、硅铁等）、合金剂。通过冶金反应，可以去除有害杂质；添加合金元素，可以改善焊缝的力学性能。碱性焊条中的萤石可以通过冶金反应去氢。

焊条按用途可分为碳钢焊条、低合金钢焊条、不锈钢焊条、铸铁焊条、堆焊焊条、银合金焊条、铜合金焊条、铝合金焊条等。

②其他焊接方法：

气焊与气割：气焊是利用气体火焰作为热源的焊接方法。常用氧-乙炔火焰作为热源。氧气和乙炔在焊炬中混合，点燃后加热焊丝和工件。气焊焊丝一般选用和母材相近的金属丝。焊接不锈钢、铸铁、铜合金、铝合金时，常使用焊剂去除焊接过程中产生的氧化物。

气割又称氧气切割，是广泛应用的下料方法。气割的原理是利用预热火焰将被切割的金属预热到燃点，再向此处喷射氧气流。被预热到燃点的金属在铳气流中燃烧形成金属钝化物。同时，这一燃烧过程放出大量的热量。这些热量将金属氧化物熔化为熔渣。熔渣被氧气流吹掉，形成切口。接着，燃烧热与预热火焰又进一步加热并切割其他金属。因此，气割实质上是金属在氧气中燃烧的过程。金属燃烧放出的热量在气割中具有重要的作用。

二氧化碳气体保护焊：二氧化碳气体保护焊是以二氧化碳气体作为保护介质的气体保护焊方法。

二氧化碳气体保护焊用焊丝做电极，焊丝是自动送进的。二氧化碳气体保护焊分为细丝二氧化碳气体保护焊（焊丝直径 0.5~1.2 mm）和粗丝二氧化碳气体保护焊（焊丝直径 1.6~5.0 mm）。细丝二氧化碳气体保护焊用得较多，主要用于焊接 0.8~4.0 mm 的薄板。此外，药芯焊丝的二氧化碳气体保护焊也日益广泛使用。其特点是焊丝是空心管状的，里面充满焊药，焊接时形成气—渣联合保护，可以获得更好的焊接质量。

利用二氧化碳气体作为保护介质，可以隔离空气。二氧化碳气体是一种氧化性气体，在焊接过程中会使焊缝金属氧化。故须采取脱氧措施，即在焊丝中加入脱氧剂，如硅、锰等。二氧化碳气体保护焊常用的焊丝是 H08MnSiA。

二氧化碳气体保护焊的主要优点是：生产率高：比手工电弧焊高 1~5 倍，且工作时连续焊接，不需要换焊条，不必破渣。成本低：二氧化碳气体是很多工业部门的副产品，所以成本较低。

二氧化碳气体保护焊是一种重要的焊接方法，主要用于焊接低碳钢和低合金钢。在汽车工业和其他工业部门中广泛应用。

电阻焊：在电阻焊时，电流在通过焊接接头时会产生接触电阻热。电阻焊是利用接触电阻热将接头加热到塑性或熔化状态，再通过电极施加压力，形成原子间结合的焊接方法。

钎焊：钎焊时母材不熔化。钎焊时使用钎剂、钎料，将钎料加热到熔化状态，液态的钎料润湿母材，并通过毛细管作用填充到接头的间隙，进而与母材相互扩散，冷却后形成接头。

钎焊接头的形式一般采用搭接，以便钎料的流布。钎料放在焊接的间隙内或接头附近。

钎剂的作用是去除母材和钎料表面的银化膜，覆盖在母材和钎料的表面，隔绝空气，具有保护作用。钎剂同时可以改善液体钎料对母材的润湿性能。

焊接电子零件时，钎料是焊锡，钎剂是松香，钎焊是连接电子零件的重要焊接工艺。

钎焊可分为两大类：硬钎焊与软钎焊。硬钎焊的特点是所用钎料的熔化温度高于450℃。接头的强度大。用于受力较大、工作温度较高的场合。所用的钎料多为铜基、银基等。钎料熔化温度低于450℃的钎焊是软钎焊。软钎焊常用锡铅钎料，适用于受力不大、工作温度较低的场合。

钎焊的特点是接头光洁、气密性好。因为焊接的温度低，所以母材的组织性能变化不大。钎焊可以连接不同的材料。钎焊接头的强度和耐高温能力比其他焊接方法差。

钎焊广泛用于硬质合金刀头的焊接以及电子工业、电机、航空航天等工业。

（5）焊接新技术（焊接机器人）：近年来各国所安装的工业机器人中，大约一半是焊接机器人。焊接机器人大量使用在汽车制造等领域，适用于弧焊、点焊和切割。焊接机器人常安装在自动生产线上，或和自动上下料装置及自动夹具一起组成焊接工作站。工业机器人大量应用于焊接生产不是偶然的事情，这是由焊接工艺的必然要求所决定的。无论是电弧焊还是电阻焊，在由人工进行操作的时候，都要求焊枪或焊钳在空间保持一定的角度。随着焊枪或焊钳的移动，这个角度不断地由操作者人为地进行调整。也就是说，焊接时焊枪或焊钳不仅需要有位置的移动，同时应该有“姿态”的控制。满足这种要求的自动焊机就是焊接机器人。焊接机器人的应用，可以提高焊接质量，改善工人的工作条件，是焊接自动化的重大进展。

三、锻造

在冲击力或静压力的作用下，使热锭或热坯产生局部或全部的理性变形，获得所需形状、尺寸和性能的锻件的加工方法称为锻造。

锻造一般是将轧制圆钢、方钢（中、小锻件）或钢锭（大锻件）加热到高温状态后进行加工。锻造能够改善铸态组织、铸造缺陷（缩孔、气孔等），使锻件组织紧密、晶粒细化、成分均匀，从而显著提高金属的力学性能。因此，锻造主要用于那些承受重载、冲击载荷、交变载荷的重要机械零件或毛坯，如各种机床的主轴和齿轮，汽车发动机的曲轴和连杆，起重机吊钩及各种刀具、模具等。

锻造分为自由锻造、模型锻造及胎模锻。

（1）自由锻造：只采用通用工具或直接在锻造设备的上、下砥铁间使坯料变形获得锻件的方法称为自由锻。自由锻的原材料可以是轧材（中小型锻件）或钢锭（大型锻件），自由锻工艺灵活、工具简单，主要适合于各种锻件的单件小批生产，也是特大型锻件的唯一生产方法。

自由锻的设备有锻锤和液压机两大类。锻锤是以冲击力使坯料变形的，设备规格以落下部分的重量来表示。常用的有空气锤和蒸汽—空气锤。空气锤的吨位较小，一般只有 500~10000 N，用于锻 100 kg 以下的锻件；蒸汽空气锤的吨位较大，可达 10~50 kN，可锻 1500 kg 以下的锻件。

液压机是以液体产生的静压力使坯料变形的，设备规格以最大压力来表示。常用的有油压机和水压机。水压机的压力大，可达 5000~15000 kN，是锻造大型锻件的主要设备。

自由锻的基本工序是指锻造过程中直接改变坯料形状和尺寸的工艺过程。主要包括微粗、拔长、弯曲、冲孔、扭转、错移等，其中最常用的是纵粗、拔长和冲孔。

纵粗是使坯料的整体或一部分高度减小、断面积增大的工序。拔长是减小坯料截面积、增加其长度的工序。冲孔是在实心坯料上冲出通孔或不通孔的工序。

（2）胎模锻：胎模锻是在自由锻设备上使用可移动的简单模具生产锻件的一种锻造方法。胎模锻造一般先采用自由锻制坯，然后在胎模中终锻成型，锻件的形状和尺寸主要靠胎模的型槽来保证。胎模不固定在设备上，锻造时用工具夹持着进行锻打。

与自由锻相比，胎模锻生产效率高，锻件加工余量小，精度高；与模锻相比，胎模制造简单，使用方便，成本较低，又不需要昂贵的设备。因此胎模锻曾广泛用于中小型锻件的中小批量生产。但胎模锻劳动强度大，辅助操作多，模具寿命低，在现代工业中已逐渐被模锻所取代。

（3）模型锻造：模型锻造简称为模锻，是将加热到锻造温度的金属坯料放到固定在模锻设备上的锻模模膛内，使坯料受压变形，从而获得锻件的方法。

与自由锻和胎模锻相比，模锻可以锻制形状较为复杂的锻件，且锻件的形状和尺寸较准确，表面质量好，材料利用率和生产效率高。但模锻需采用专用的模锻设备和锻模，投资大、前期准备时间长，并且由于受三向压应力变形，变形抗力大，故而模锻只适用于中小型锻件的大批量生产。

生产中常用的模锻设备有模锻锤、热模锻压力机、摩擦压力机、平锻机等，尤其是模锻锤工艺适应性广，可生产各种类型的模锻件，设备费用也相对较低，长期以来一直是我国模锻生产中应用最多的一种模锻设备。

锤模锻是在自由锻和胎模锻的基础上发展起来的，其所用的锻模是由带有燕尾的上模和下模组成的。下模固定在模座上，上模固定在锤头上，并与锤头一起做上下往复的锤击运动。

根据锻件的形状和模锻工艺的安排，上、下模中都设有一定形状的凹腔，称为模膛。模膛根据功用分为制坯模膛和模锻模膛两大类。

制坯模膛主要作用是按照锻件形状合理分配坯料体积，使坯料形状基本接近锻件形状。制坯模膛分为拔长模膛、弯曲模膛、成型模膛、镦粗台及压扁面等。

模锻模膛又分为预锻模膛和终锻模膛两种。预锻模膛的作用是使坯料变形到接近于锻件的形状和尺寸，以便在终锻成型时金属充型更加容易，同时减少终锻模膛的磨损，延长锻模的使用寿命。预锻模膛的圆角、模锻斜度均比终锻模膛大，而且不设飞边槽。终锻模膛的作用是使坯料变形到热锻件所要求的形状和尺寸，待冷却收缩后即达到冷锻件的形状和尺寸。终锻模膛的分模面上有一圈飞边槽，用以增加金属从模膛中流出的阻力，促使金属充满模膛，同时容纳多余的金属。模锻件的飞边须在模锻后切除。

实际锻造时应根据锻件的复杂程度相应选用单模膛锻模或多模膛锻模。一般形状简单的锻件采用仅有终锻模膛的单模膛锻模，而形状复杂的锻件（如截面不均匀、轴线弯曲、不对称等）则须采用具有制坯、预锻、终锻等多个模膛的锻模逐步成型。

四、冲压

冲压是在冲床上用冲模使金属或非金属板料产生分离或变形而获得制件的加工方法。板料冲压通常在室温下进行，所以又称冷冲压。用于冲压的材料必须具有良好的塑性，常用的有低碳钢、高塑性合金钢、铝和铝合金、铜和铜合金等金属材料以及皮革、塑料、胶木等非金属材料。冲压的优点是生产率高，成本低；成品的形状复杂，尺寸精度高，表面质量好且刚度大、强度高、重量轻，无须切削加工即可使用。因此在汽车、拖拉机、电机、电器、日常生活用品及国防工业生产中得到广泛应用。

冲压常用的设备有剪床和冲床两大类。剪床的主要用途是把板料切成一定宽度的条料，为下一步的冲压备料。而冲床主要用来完成冲压的各道工序。

（1）冲压的基本工序：冲压的基本工序主要有冲孔和落料、弯曲、拉伸等。将板坯在冲模刃口作用下沿封闭轮廓分离的工序称为冲孔或落料。

冲孔是用冲裁模在工件上冲出所需的孔形，而落料是用冲裁模从坯料上冲下所需形状的板块，作为工件或进一步加工的坯料。两者的模具结构基本相同，只是尺寸有所差别。冲孔模的凸模尺寸由工件尺寸决定，凹模比凸模放大一定的间隙量；落料模的凹模尺寸由工件尺寸决定，凸模比凹模缩小一定的间隙量。

弯曲是利用弯曲模使工件轴线弯成一定角度和曲率的工序。

拉深是利用模具将平板毛坯变成杯形、盒形等开口空心工件的工序。

（2）冲模：冲模是实现坯料分离或变形必不可少的工艺装备。

①冲模的主要组成部分及作用：工作部分包括凸模、凹模等，实现板料分离或变形，完成冲压工序。定位部分包括导板、定位销等，用于控制坯料的送进方向和送进距离。卸料部分包括卸料板、顶板等，用于在冲压后卸取板坯或工件。导向部分包括导柱、导套等，用来保证上、下模合模准确。

模体部分包括上、下模板、模柄等，用于与冲床连接、传递压力。

②冲模的种类：按照冲模完成的工序性质可分为冲孔模、落料模、弯曲模、拉深模等，按其工序的组合程度又可分为简单模、连续模和复合模。

简单模括在冲床的一次行程中只完成一道冲压工序的冲模。简单模结构简单但效率低，适合于小批量、低精度的冲压件生产。

连续模指在冲床的一次行程中，在模具的不同工位上完成两道或两道以上冲压工序的冲模。连续模效率高且结构相对简单，适于大批量、一般精度的冲压件生产。

复合模指在冲床的一次行程中，在模具的同一工位上完成两道或两道以上冲压工序的冲模。复合模效率高但结构复杂，适于大批量、高精度的冲压件生产。

近年来，随着CAD/CAM技术和数控机床、加工中心的发展，模具的制造周期大大缩短，原来生产周期6~12个月的模具，现在采用加工中心，只需一周或一个月便能制造出来。因此，模具的应用日益广泛。

第二节　冷加工

在金属工艺学中，冷加工是指在低于再结晶温度下使金属产生物性变形的加工工艺，如冷轧、冷拔、冷锻、冷挤压、冲压等。冷加工在金属成型的同时提高了金属的强度和硬度。在机械制造工艺学中，冷加工通常指金属的切削加工。

一、切削加工

（1）切削加工的分类：切削加工是利用切削工具从工件上切去多余材料的加工方法。通过切削加工，使工件变成符合图样规定的形状、尺寸和表面粗糙度等方面要求的零件。切削加工分为机械加工和钳工加工两大类。

机械加工（简称机工）是利用机械力对各种工件进行加工的方法。它一般是通过工人操纵机床设备进行加工的，其方法有车削、钻削、锋削、铣削、刨削、拉削、磨削、研磨、超精加工和抛光等。

钳工加工，（简称钳工）是指一般在钳台上以手工工具为主，对工件进行加工的各种加工方法。钳工的工作内容一般包括划线、锯削、锉削、刮削、研磨、钻孔、扩孔、铰孔、攻螺纹、套螺纹、机械装配和设备修理等。

对于有些工作，机械加工和钳工加工并没有明显的界线，如钻孔和校孔、攻螺纹和套螺纹，二者均可进行。随着加工技术的发展和自动化程度的提高，目前钳工加工的部分工作已被机械加工所替代，机械装配也在一定范围内不同程度地实现机械化和自动化，而且这种替代现象将会越来越多。尽管如此，钳工加工永远也不会被机械加工完全替代，将永远是切削加工中不可缺少的一部分。这是因为，在某些情况下，钳工加工不仅比机械加工灵活、经济、方便，而且更容易保证产品的质量。

（2）切削加工的特点和作用：

①切削加工的精度和表面粗糙度的范围广泛，且可获得高的加工精度和低的表面粗糙度。

②切削加工零件的材料、形状、尺寸和重量的范围较大。切削加工多用于金属材料的加工，如各种碳钢、合金钢、铸铁、有色金属及其合金等，也可用于某些非金属材料的加工，如石材、木材、塑料和橡胶等；对于零件的形状和尺寸一般不受限制，只要能在机床上实现装夹，大都可进行切削加工，且可加工常见的各种型面，如外圆、内圆、锥面、平面、螺纹、齿形及空间曲面等。切削加工零件重量的范围很大，重的可达数百吨，如葛洲坝一号船闸的闸门，高 30 多米，重 600 t；轻的只有几克，如微型仪表零件。

③切削加工的生产率较高。在常规条件下，切削加工的生产率一般高于其他加工方法。只是在少数特殊场合，其生产率低于精密铸造、精密锻造和粉末冶金等方法。

④切削过程中存在切削力，刀具和工件均需具有一定的强度和刚度，且刀具材料的硬度必须大于工件材料的硬度。因此，限制了切削加工在细微结构与高硬高强等特殊材料加工方面的应用，从而给特种加工留下了生存和发展的空间。

正是因为上述特点和生产批量等因素的制约，在现代机械制造中，目前除少数采用精密铸造、精密锻造以及粉末冶金和工程塑料轧制成型等方法直接获得零件外，绝大多数机械零件要靠切削加工成型。因此，切削加工在机械制造业中占有十分重要的地位，目前占机械制造总工作量的 40%~60%。它与国家整个工业的发展紧密相连，起着举足轻重的作用。完全可以说，没有切削加工，就没有机械制造业。

（3）切削加工的发展方向：随着科学技术和现代工业日新月异地飞速发展，切削加工也正朝着高精度、高效率、自动化、柔性化和智能化方向发展。主要体现在以下三方面：加工设备朝着数字化、精密和超精密化以及高速和超高速方向发展，目前，普通加工、精密加工和高精度加工的精度已经达到了 1 μ m、0.01 μ m 和 0.001 μ m（毫微米，即纳米），正向原子级加工逼近；刀具材料朝超硬刀具材料方向发展；生产规模由目前的小批量和单品种大批量向多品种变批量的方向发展，生产方式由目前的手工操作、机械化、单机自动化、刚性流水线自动化向柔性自动化和智能自动化方向发展。

21 世纪的切削加工技术与计算机、自动化、系统论、控制论及人工智能、计算机辅助设计与制造、计算机集成制造系统等高新技术及理论融合更加密切，出现了很多新的先进制造技术，切削加工正向着高精度、高速度、高效自动化、柔性化和智能化等方向发展，并由此推动了其他各新兴学科和经济的高速发展。

①车削：车削加工是机械零件加工中最常用的一种加工方法。它是利用车刀在车床上完成加工，加工时，工件旋转，车刀在平面内做直线或曲线移动。

车削主要用来加工工件的内外圆柱面、端面、锥面、螺纹、成型回转表面和滚花等。

②铣削：铣削加工就是用旋转的铣刀作为刀具的切削加工。铣削一般在卧式铣床（简称卧铣）、立式铣床（简称立铣）、龙门铣床、工具铣床以及各种专用铣床上或镗床上进行。

铣削可加工平面（按加工时所处位置又分为水平面、垂直面、斜面）、沟槽（包括直角槽、键槽、V 形槽、燕尾槽、T 形槽、圆弧槽、螺旋槽）和成型面等，还可进行孔加工（包括钻孔、扩孔、铰孔、铣孔）和分度工作。

铣平面是平面加工的主要方法之一，有端铣、周铣和二者兼有三种方式，所用刀具有镶齿端铣刀、套式立铣刀、圆柱铣刀、三面刃铣刀和立铣刀等。镶齿端铣刀生产率高，应用很广泛，主要用于加工大平面。套式立铣刀生产率较低，用于铣削各种中小平面和台阶面。圆柱铣刀用于卧铣铣削中小平面。三面刃用于卧铣铣削小型台阶面和四方、六方螺钉头等小平面。立铣刀多用于铣削中小平面。

③磨削：利用高速旋转的砂轮等磨具，加工工件表面的切削加工称为磨削加工。磨削加工一般在磨床上进行。

磨削用于加工各种工件的圆柱面、圆锥面和平面，以及螺纹、齿轮和花键等特殊、复杂的成型表面。由于磨粒的硬度很高，磨具具有自锐性，磨削可以加工各种材料。磨削的功率比一般的切削大，而金属切除率比一般的切削小，故在磨削之前工件通常都先经过其他切削方法去除大部分加工余量，仅留 0.1~1.0 mm 或更小的磨削余量。

常用的磨削形式有外圆磨削、内圆磨削、平面磨削和无心磨削等。

外圆磨削：外圆磨削主要在普通外圆磨床和万能外圆磨床上进行，具体方法有纵磨法和横磨法两种。采用纵磨法磨削时，工件宽度大于砂轮宽度，工件做纵向往复运动，而横磨法磨削时，工件宽度小于砂轮宽度，工件不做纵向移动。两种方法相比，纵磨法加工精度较高，但生产率较低；横磨法生产率较高，但加工精度较低。因此，纵磨法广泛用于各种类型的生产中，而横磨法只适用于大批量生产中磨削刚度较好、精度较低、长度较短的轴类零件上的外网表面和成型面。

内圆磨削：内网磨削主要在内圆磨床和万能外圆磨床上进行。与外圆磨削相比，由于磨内圆砂轮受孔径限制，切削速度难以达到磨外圆的速度，且砂轮轴直径小、悬伸长、刚度差、易弯曲变形和振动，砂轮与工件成内切圆接触，接触面积大，磨削热多，散热条件差，表面易烧伤。因此，磨内圆比磨外圆生产率低得多，加工精度和表面质量也较难控制。

磨平面：磨平面在平面磨床上进行。为在平面磨床上磨削平面的一个工程实例。其方法有周磨法和端磨法两种，周磨法就是用砂轮外圆表面磨削的方法，而端磨法就是用砂轮端面磨削的方法。周磨法加工精度高，表面粗糙度值小，但生产率较低，多用于单件小批生产中，大批量生产中亦可采用。端磨法生产率较高，但加工质量略差于周磨法，多用于大批量生产中磨削精度要求不太高的平面。磨平面常作为铣平面或刨平面后的精加工，特别适宜磨削有相互平行平面的零件。此外，还可磨削导轨平面。机床导轨多是几个平面的组合，在成批或大量生产中，常在专用的导轨磨床上对导轨面作最后的精加工。

无心磨削：无心磨削一般在无心磨床上进行，用以磨削工件外圆。磨削时，工件 2 不用顶尖定心和支撑，而是放在砂轮 1 与导轨之间，由其下方的托板 4 支撑，并由导轮 3 带动旋转。无心磨削也有纵磨法和横磨法两种。当导轮轴线与砂轮轴线调整成斜交 1° 至 6° 时，工件能边旋转边自动沿轴向作纵向进给运动，称为无心纵磨法。无心纵磨法主要用于大批量生产细长光滑轴及销钉等零件的外网磨削。当导轮的轴线与砂轮轴线平行时，工件不做轴向移动，称之为无心横磨法。无心横磨法主要用于磨削带台肩而又较短的外圆、锥面和成型面等。

④钻削：用钻头或铰刀、钩刀在工件上加工孔的方法统称钻削加工。主要用来钻孔、扩孔、铰孔、矮孔、钻中心孔、攻丝等加工。

钻孔：用钻头在实体材料上加工孔的方法称为钻孔。钻孔是最常用的孔加工方法之一。属于粗加工，麻花钻是钻孔最常用的刀具。

扩孔：用扩孔刀具扩大工件孔径的方法称为扩孔。扩孔所用机床与钻孔相同。可用扩孔钻扩孔，也可用直径较大的麻花钻扩孔。常用的扩孔钻的直径规格为 15~50 mm。

铰孔：用铰刀在工件孔壁上切除微量金属层，以提高尺寸精度和降低表面粗糙度的方法称为铰孔。铰孔所用机床与钻孔相同。铰孔可加工圆柱孔和圆锥孔，可以在机床上进行（机钱），也可以手工进行（手校建校孔属于定径刀具加工，适宜加工中批或大批量生产中不宜拉削的孔。

矮孔：用矮钻（或代用刀具）加工平底和锥面沉孔的方法称为钻孔。½ 孔一般在钻床上进行，虽不如钻、扩、铰应用那么广泛，但也是一种不可缺少的加工方法。

⑤锋削：镲削加工是利用镜刀刀具在键床上完成的加工。在镲削加工时，键床主轴带动镗刀做旋转运动，工件或锋刀做进给运动完成切削加工，是孔加工常用的方法之一。

铣锋床镇孔主要用于机座、箱体、支架等大型零件上孔和孔系的加工。此外，铣锋床还可以加工外圆和平面，主要加工箱体和其他大型零件上与孔有位置精度要求，需要与孔在一次安装中加工出来的短而大的外圆和端平面等。

⑥拉削：用拉刀作为刀具加工工件通孔、平面和成型表面的切削加工方法称为拉削加工。拉削能获得较高的尺寸精度和较小的表面粗糙度，生产率高，适用于成批大量生产。大多数拉削加工时，拉床只有拉刀做直线拉削的主运动，而没有进给运动。

拉圆孔：拉削圆孔时，孔径一般为8~125 mm，孔的深径比为L/D≤5° 工件不需要夹紧，只以已加工过的一个端面为支撑面即可。当工件端面与拉削孔的轴线不垂直时，依靠球面浮动支承装置自动调节，始终使受力方向与端面垂直，以防止拉刀崩刃和折断。

拉平面：拉削平面时，平面拉刀可制成整体式的（加工较小平面），但更多制成锯齿式的（加工大平面），镶嵌硬质合金刀片，以提高拉削速度，且便于刃磨和调整。拉削可加工单一的敞开的平面，也可加工组合平面。

拉削的优点在于：一般一次行程中完成加工、生产率很高，切削平稳、加工质量好。缺点是：刀具制造复杂、工时费用较高；拉圆孔与精车孔和精镗孔相比，适应性较差。因此，拉削加工一般用于批量生产中。

⑦刨削：用刨刀对工件作水平相对直线往复运动的切削加工方法称为刨削加工。刨削是平面加工方法之一，可以在牛头刨床和龙门刨床上进行。前者适宜加工中小型工件，后者适宜加工大型工件或同时加工多个中型工件。

刨削可加工平面（按加工时所处位置又分为水平面、垂直面、斜面）、沟槽（包括直角槽、V形槽、燕尾槽、T形槽）和直线型成型面等。

从表面上看，刨削和铣削均以加工平面和沟槽为主，似乎是相同的。但由于所用机床、刀具和切削方式不同，它们在工艺特点和应用方面存在较大的差异。现将刨削与铣削分析比较如下：

加工质量一般同级，经粗、精加工之后均可达到同等精度。但二者又略有区别，加工大平面时，刨削因无明显接刀痕而优于铣削。

生产率一般铣削高于刨削。但加工窄长平面（如导轨面）时，铣削的进给量并不因工件变窄而增大，而刨削却可因工件变窄而减少横向走刀次数，使刨削的生产率高于铣削。

加工范围铣削比刨削广泛得多。例如，铣削可加工内凹平面、圆弧沟槽、具有分度要求的小平面等，而刨削则难以完成。

工时成本铣削高于刨削。这是因为铣床的结构比牛头刨床复杂，铣刀的制造和刃磨比刨刀困难。

应用铣削比刨削广泛。铣削适用于各种生产批量，而刨削仅用于单件小批生产及修配工作中。

二、机床与刀具

机床就是对金属或其他材料的坯料或工件进行加工，使之获得所要求的几何形状、尺寸精度和表面质量的机器。要完成切削加工，在机床上必须完成所需要的零件表面成型运动，即刀具与工件之间必须具有一定的相对运动，以获得所需表面的形状，这种相对运动称为机床的切削运动。

机床运动包括表面成型运动和辅助运动。表面成型运动，根据其功用不同可分为主运动、进给运动和切入运动。

主运动是零件表面成型中机床上消耗功率最大的切削运动。进给运动是把工件待加工部分不断投入切削区域，使切削得以继续进行的运动。切入运动是使刀具切入工件表面一定深度的运动。辅助运动主要包括工件的快速趋近和退出快移运动、机床部件位置的调整、工件分度、刀架转位、送夹料，等等。普通机床的主运动一般只有一个。与进给运动相比，它的速度高，消耗机床功率多。进给运动可以是一个或多个。

（1）车床及车刀：车床是机械制造中使用最广泛的一类机床，在金属切削机床中所占的比重最大，占机床总台数的 20%~30%。车床用于加工各种回转表面，如内、外圆柱表面，圆锥面及成型回转表面等，有些车床还能加工螺纹面。

车床的种类很多，按其用途和结构不同，可分为卧式车床、转塔车床、立式车床、单轴和多轴自动车床、仿形车床、多刀车床、数控车床和车削中心、各种专门化车床（如铲齿车床、凸轮轴车床、曲轴车床及轧掘车床）等。

车削加工所用的刀具主要是各种车刀。车刀由刀柄和刀体组成。刀柄是刀具的夹持部分，刀体是刀具上夹持或焊接刀条、刀片的部分，或由它形成切削刃的部分。此外，多数车床还可用钻头、扩孔钻、丝锥、板牙等孔加工刀具和螺纹刀具进行加工。

（2）铣床与铣刀：铣床是用铣刀进行铣削加工的机床。铣床的主运动是铣刀的旋转运动，而工件做进给运动。铣床的种类很多，按其用途和结构不同，铣床分为卧式铣床、立式铣床、万能铣床、龙门铣床、工具铣床以及各种专用铣床。

铣刀是一种多齿刀具，可用于加工平面、台阶、沟槽及成型表面等。铣削加工时，同时切削的刀齿数多，参加切削的刀刃总长度长。所以生产效率高。铣刀是使用量较大的一种金属切削刀具，其使用量仅次于车刀及钻头。铣刀品种规格繁多，种类各式各样。

（3）磨床与砂轮：用磨料或磨具作为切削刀具对工件表面进行磨削加工的机床，称为磨床。磨床是各类金属切削机床中品种最多的一类，主要有：外圆、内圆、平面、无芯、工具磨床和各种专门化磨床等。磨床的应用范围很广，凡在车床、铣床、镜床、钻床、齿轮和螺纹加工机床上加工的各种零件表面，都可在磨床上进行磨削精加工。

砂轮是磨床所用的主要加工刀具，砂轮磨粒的硬度很高，就像一把锋利的尖刀，切削时起着刀具的作用，在砂轮高速旋转时，其表面上无数锋利的磨粒，就如同多刃刀具，将工件上一层薄薄的金属切除，从而形成光洁精确的加工表面。

砂轮是由结合剂将磨料颗粒黏结而成的多孔体，由磨料、结合剂、气孔三部分组成。磨料起切削作用，结合剂把磨料结合起来，使之具有一定的形状、硬度和强度。由于结合剂没有填满磨料之间的全部空间，因而有气孔存在。

砂轮的组织表示磨粒、结合剂和气孔三者体积的比例关系。磨粒在砂轮体积中所占比例越大，砂轮的组织越紧密，气孔越小；反之，组织疏松。砂轮磨粒占的比例越小，气孔就越大，砂轮越不易被切屑堵塞，切削液和空气也更易进入磨削区，使磨削区温度降低，工件因发热而引起的变形和烧伤减小。但砂轮易失去正确廓形，降低成型表面的磨削精度，增大表面粗糙度。

随着科学技术的不断发展，近年来出现了多种新磨料，使高速磨削和强力磨削工艺得到迅速发展、提高了磨削效率并促进了新型磨床的产生。同时，磨削加工范围不断扩大，如精密铸造和精密锻造工件可直接磨削成成品。因此，磨床在金属切削机床中所占的比例不断上升，在工业发达国家已达30%。

（4）钻床与钻头：钻床主要用来加工箱体、机架等零件上的各种孔。钻削加工时，工件不动，刀具旋转做主运动，并沿轴向移动完成进给运动。在钻床上可完成钻孔、扩孔、锪孔、刮平面、攻螺纹等工作。

钻床的主要类型有：立式钻床、台式钻床、摇臂钻床、深孔钻床及其他钻床等。

钻削加工使用的刀具主要是钻头，钻头的类型有：扁钻、麻花钻、深空钻、扩孔钻等。

扁钻：这是一种最古老的钻头，由于结构简单、刚性好及制造成本低，至今仍在使用。整体式扁钻主要用于加工小尺寸的浅孔，特别是加工直径 0.03~0.5 mm 的微孔。装配式扁钻用于加工大尺寸的浅孔，近年来在自动线及数控机床上也得到广泛应用。

麻花钻：它是一种使用量很大的孔加工刀具。麻花钻的结构由柄部、颈部及工作部三部分组成。柄部用于装夹钻头和传递扭矩；颈部用于连接柄部及工作部分；工作部分又分为导向部分及切削部分。导向部分由两条螺旋形刃瓣组成，为保证钻头有一定的强度，用钻芯将两个螺旋刃瓣连接为一体。

深孔钻：深孔钻是专门用来加工深孔的钻头。深孔一般指深径比 5~10 的孔。对于 L/d=5~10 的普通深孔，可用接长麻花钻加工，而对于 L/d=20~100 的特殊深孔必须用特殊结构的深孔钻才能加工。

（5）镇床与镇刀：镇床的主要工作是用镲刀进行键孔，特别适合大型、复杂的箱体类零件的孔加工。镇床的主要类型有：卧式镇床、坐标镇床、金刚镇床。此外，还有立式镇床、深孔镇床、落地镇床及落地铣镲床等。

镗孔加工最大的特点是能够修正上道工序所造成的孔轴线歪曲、偏斜等。它特别适用于孔系的加工。

镇孔加工所使用的刀具为镇刀，一般可分为单刃镇刀和多刃镇刀两大类：

单刃镇刀：实质上是一把车刀，由于结构简单，制造方便，通用性广，故使用较多。

双刃镇刀：双刃镗刀两边都有切削刃，工作时可以消除径向力对镇杆的影响。链刀上的两个刀片是可以调整的，因此可以加工一定尺寸范围的孔。

（6）齿轮加工机床与刀具：齿轮的加工有铸造、锻造、冲压及切削加工等方法。其中，切削法加工的齿轮精度最高，应用最广泛。齿轮切削加工则需要齿轮加工机床和相应的齿轮加工刀具。齿轮加工机床一般可分为圆柱齿轮加工机床和圆锥齿轮加工机床两大类。圆柱齿轮加工机床主要有滚齿机、插齿机等；圆锥齿轮加工机床有加工直齿锥齿轮的刨齿机、铣齿机、拉齿机和加工弧齿锥齿轮的铣齿机和拉齿机等。用来精加工齿轮齿面的机床有研齿机、剃齿机和磨齿机等。

切削法加工齿轮时，按形成轮齿的原理，其方法有两类：成型法和展成法。

用成型法加工齿轮，要求所用刀具的切削刃形状与被切齿轮的齿槽形状相同。例如，在铣床上用盘形或指形齿轮铣刀铣削齿轮。铣完一个齿后，进行分度，接着铣下一个齿。成型法加工的优点是机床结构简单，可以利用通用机床加工。缺点是对于同一模数的齿轮，只要齿数不同，齿槽形状就不同，就需采用不同的成型刀具。但是不可能为每种齿数的齿轮都备有一把刀具，为了减少刀具数量，每种模数通常只配 8 把或 15 把刀，各自适应一定的齿数范围。这样加工出来的齿形只是近似的，加工精度较低。因此，成型法加工齿轮，多用于精度要求不高的修配行业。

展成法加工齿轮应用齿轮啮合原理，即把齿轮啮合副（齿条—齿轮、齿轮—齿轮）中的一个转化为刀具，另一个作为工件，并保证刀具和工件作严格的咬合运动。被加工齿轮的齿廓表面是在刀具和工件包络（展成）过程中，由刀具切削刃的位置连续变化形成的。展成法加工齿轮的优点是，只要模数和压力角相同，一把刀具可以加工任意齿数的齿轮。这种方法的加工精度和生产率一般比较高，因而在齿轮加工机床中应用最广泛。

齿轮刀具是加工齿轮齿形的刀具。齿轮刀具的种类繁多，主要有以下几种：

①盘形齿轮铣刀：盘形齿轮铣刀是一种铲齿成型铣刀。它容易制造，成本低，在普通铣床上就能加工齿轮，但加工精度和生产率较低，只适用于单件、小批量生产或修配车间加工直齿、斜齿圆柱齿轮和齿条等。

②指形齿轮铣刀：这种齿轮铣刀实质上是一种成型立铣刀，有铲齿和尖齿两种结构，主要用于加工大模数的直齿，斜齿齿轮以及无空刀槽的人字齿轮等。指形齿轮铣刀工作时相当于一个悬臂梁，齿数少，几乎整个刃长都参加切削，切削力大，刀负荷重，工作条件差，因此，进给量小、加工效率低。

③渐开线展成齿轮刀具：这种类型的齿轮刀具齿形和工件齿槽形状不同。切齿时，刀具相当于一个齿轮，它与被加工齿轮作无侧隙啮合，被加工齿轮的齿形是由刀具齿形运动轨迹包络而成的。其加工齿轮的精度和生产率较高，刀具通用性好，是生产中广泛采用的一种齿轮刀具。

（7）拉床与拉刀：拉床是用拉刀进行加工的机床。按用途可分为内表面拉床和外表面拉床两类；按机床的布局形式可分为卧式拉床和立式拉床两类。拉床主要用于加工通孔、平面及成型表面。拉削工件时，拉床没有进给运动，只有主运动，主运动通常由液压驱动。它靠拉刀刀齿的齿升量（即后一个刀齿与前一个刀齿的高度差）或刃口在宽度上的增大量，依次从工件上切下一层很薄的金属，完成对零件表面的加工。

拉削加工时所使用的刀具为拉刀，拉刀是一种多齿、高效的专用刀具，其种类很多，按加工表面的不同，可分为内拉刀和外拉刀；按拉刀结构不同，又可分为整体式与装配式两类。它可以加工各种形状的内、外表面。

（8）刨床与刨刀：刨床主要用于加工各种平面和沟槽。刨床加工平面时，按加工时所处位置可分为水平面、垂直面、斜面等；加工沟槽时又包括直角槽、V形槽、燕尾槽、T形槽等。刨床加工时，主运动为直线运动。当工件的尺寸和质量较小时，由刀具移动实现主运动，而工件的移动完成进给运动，如牛头刨床和插床；当工件大而重时，由工作台带动工件作直线往复运动实现主运动，而刀具移动完成进给运动，如龙门刨床。

刨削时所使用的刀具为刨刀。根据用途可分为纵切、横切、切槽、切断和成型刨刀等。刨刀的结构基本上与车刀类似，但刨刀工作时为断续切削，受冲击载荷。

三、机床夹具

从广义上来说，为保证加工过程中工序的质量和工作安全、提高生产率、减轻工人劳动强度等所采用的一切附加装置都称为夹具。具体来讲，机床夹具就是对工件进行定位、夹紧，对刀具进行导向和对刀，以保证工件和刀具间相对位置关系的附加装置。如卡盘、平口钳、各种钻模等。将刀具在机床上进行定位、夹紧的装置，称为辅助工具。如钻夹头、刀夹、铣刀杆等。

（1）夹具的组成：

①定位元件：用来确定工件在夹具中位置的元件。

②夹紧装置：用来夹紧工件，使其保持在正确的定位位置上的夹紧装置和夹紧元件。

③对刀和导引元件：用来确定刀具位置或引导刀具方向的元件。

④连接元件：用来确定夹具和机床之间正确位置的元件。

⑤其他元件及装置：如分度装置、为便于卸下工件而设置的顶出器、动力装置的操作系统等。

⑥夹具体：将上述元件和装置连成整体的基础件。

（2）夹具的功用：

①保证加工质量：如保证相互位置精度等。

②提高劳动生产率和降低生产成本：用夹具装夹工件，避免了工件逐件找正和对刀，缩短了安装工件的时间；用夹具容易实现多件、多工位加工，提高了劳动生产率；且可边加工边安装工件，使机动时间与辅助时间重合，进一步缩短了辅助时间，从而降低了生产成本。

③扩大机床的工艺范围：在机床上安装夹具可以扩大其工艺范围，如在铣床上加一个转台或分度装置，可以加工有等分要求的零件；在车床上或钻床上安放镗模后可以进行箱体孔系的镗削加工，使车床、钻床具有镗床的功能。

④减轻劳动强度。

（3）夹具的分类：

①通用夹具：指已经标准化的夹具，它具有一定的通用性，适用于不同工件的装夹。它可与通用机床配套，作为通用机床的附件。

②专用夹具：为加工某一零件或为某一道工序而专门设计的夹具。它结构紧凑，针对性强，使用方便，但它的设计与制造周期较长，制造费用也较高。当产品变更时，往往因无法再用而“报废”。因此专用夹具适用于产品固定的批量较大的生产中。

③可调夹具：是把通用夹具与专用夹具相结合，通过少量零件的调整、更换就能适应某些零件加工的夹具。可调夹具由基本部分和可调部分组成。基本部分即通用部分，它包括夹具体、动力装置和操纵机构；可调部分即专用部分，是为某些工件或某组工件专门设计的，它包括定位元件、夹紧元件和导向元件等。可调夹具在多品种，中、小批工件的生产中被广泛采用。

④组合夹具：是按某一工件的某道工序的加工要求，由一套事先准备好的通用标准元件和部件组合而成的夹具。标准元件包括基础件、支撑元件、定位元件、导向元件、夹紧元件、紧固元件、辅助元件和组件等八类。这些元件相互配合部分尺寸精度高，硬度高及耐磨性好，并有互换性。这些元件组装的夹具用完之后可以拆卸存放，重新组装新夹具时再次使用。采用组合夹具可减轻专用夹具设计和制造的工作量，缩短生产准备

周期，具有灵活多变、重复使用的特点，因此在多品种、单件小批量生产及新产品试制中尤为适用。

⑤随行夹具：是适用于自动线上的一种移动式夹具。工件安装在随行夹具上，随行夹具由运输装置送往各机床，并在机床夹具或机床工作台上进行定位和夹紧。

第三节　特种加工

一、特种加工概述

在长期的生产实践中，人们发现一直占据统治地位的切削加工存在着明显的弱点。例如，当材料的硬度过高，零件的精度要求过高，零件的结构过于复杂或零件的刚度较差时，传统的切削加工就显得难以适应。为此，人们不断探索新的加工方法，陆续发明了一系列新的非常规加工方法，从而开创了特种加工的广阔领域。特种加工就是直接利用电能、热能、光能、声能、化学能和电化学能，有时也结合机械能对工件进行的加工。目前已有的特种加工方法主要有电火花加工、电解加工、超声波加工、水射流加工和激光加工等。

（1）特种加工的主要优点：

①工具材料的硬度可以大大低于被加工工件材料的硬度。

②可直接利用电能、电化学能、声能或光能等能量对材料进行加工。

③加工过程中的机械力不明显。

④各种加工方法可以有选择地复合成新的加工方法，使生产效率成倍地增长，加工精度也相应提高。

⑤几乎每产生一种新的能源，就有可能导致一种新的特种加工方法的产生。

（2）采用特种加工方法可以解决的工艺难题：

①解决各种难切削材料的加工问题，如耐热钢、不锈钢、钛合金、淬火钢、硬质合金、陶瓷、宝石、金刚石以及锗钴和硅等各种高强度、高硬度、高韧性、高脆性以及高纯度的金属和非金属材料的加工。

②解决各种复杂零件表面的加工问题，如各种热锻模、冲裁模和冷拔模的模腔和型孔、整体涡轮、喷气涡轮机叶片、炮管内腔线以及喷油嘴和喷丝头的微小异形孔的加工。

③解决各种精密的、有特殊要求的零件加工问题，如航空航天、国防工业中表面质量和精度要求都很高的陀螺仪、伺服阀以及低刚度的细长轴、薄壁筒和弹性元件等的

加工。

（3）特种加工给机械制造工艺技术带来的主要影响：特种加工自问世以来，由于其突出的工艺特点和日益广泛的应用，逐步深化了人们对制造工艺技术的认识，同时也引起了制造工艺技术的一系列变革。

①改变了对材料可加工性的认识：对切削加工而言，淬火钢、硬质合金、陶瓷、立方氮化硼和金刚石一直被认为是难切削的材料。而自从有了特种加工技术，淬火钢和硬质合金，采用电火花成型加工和电火花线切割加工已不再是难事；现在广泛使用的由陶瓷、立方氮化硼和人造聚晶金刚石制成的刀具和工具（拉丝模）等，也都可以采用电火花、电解、超声波和激光等多种方法进行加工。这样，材料的可加工性就不再仅仅以材料的强度、硬度、韧性和脆性等来进行衡量，而是与所选择的加工方法有关。

②重新衡量设计结构工艺性的优劣问题：在传统的结构设计中，常认为方孔、小孔、弯孔和窄缝的结构工艺性很差，而对特种加工来说，利用电火花穿孔和电火花线切割加工孔时，方孔和圆孔在加工难度上是没有差别的。有了高速电火花小孔加工专用机床后，各种导电材料的小孔加工也变得更为容易。喷丝头上的各种异形孔由以往的不能加工变为可以加工。过去因一时疏忽在淬火前没有钻的定位销孔以及没有铣的槽，淬火后因难于切削加工只能报废，现在可用电加工方法予以补救。过去攻螺纹因无法取出孔内折断的丝锥，而使工件报废的现象也已不复存在。有了特种加工，设计和工艺人员在设计零件结构，安排工艺过程时有了更大的灵活性和选择余地。

③给零件的结构设计带来重大变革：例如，喷气发动机的叶轮由于形状复杂，过去只能在做好一个个的叶片后组装而成，而有了电解加工后，设计人员就可以设计整体涡轮了。又如山形硅钢片冲模，结构复杂，不易制造，往往采用拼镶结构，而有了电火花线切割后，就可以设计成整体结构。

④可以进一步优化零件的加工工艺过程：按传统切削加工方法考虑，所有切削加工方法除磨削外，一般都需要安排在淬火工序之前。按照常规，这是工艺人员必须遵循的工艺准则之一。但是采用特种加工方法后，工艺人员可以先安排淬火再加工孔槽。如采用电火花成型加工、电火花线切割加工或电解加工的零件常先安排淬火再进行加工，这已成为比较典型的工艺过程。

总之，各种特种加工方法不仅给设计师提供了更广阔的结构设计的新天地，而且给工艺师提供了解决各种工艺难题的新手段，有力地促进了我国的科技发展和技术进步。随着我国国民经济和科学技术飞速发展的需要，特种加工技术将取得更加辉煌的成就。

根据在生产中的实际应用情况，本节将主要介绍激光加工、电火花加工、超声波加工、电解加工和水射流加工。

二、电火花加工

电器开关在合上或拉开时，有可能因局部放电使开关的接触部位烧蚀，这种现象称为电蚀。电火花加工正是在一定的液体介质中，利用脉冲放电对导电材料的电蚀现象来蚀除材料，从而使零件的尺寸、形状和表面质量达到预定技术要求的一种加工方法。在特种加工中，电火花加工、的应用最为广泛。

（1）电火花加工类型．电火花加工方法按其加工方式和用途不同，人致可分为电火花成型加工、电火花线切割加工、电火花磨削和铣磨加工、电火花同步回转加工，电火花表面强化与刻字等五大类。其中又以电火花穿孔成型加工和电火花线切割加工的应用最为广泛。

电火花加工的尺寸精度随加工方法而异。目前电火花成型加工的平均尺寸精度为 0.05 mm，最高精度可达 0.005 mm；电火花线切割的平均加工精度为 0.01 mm，最高精度可达 0.005 mm。

（2）电火花加工优点：

①由于电火花加工是利用极间火花放电时所产生的电腐蚀现象，靠高温熔化和气化金属进行蚀除加工的，因此，可以使用较软的紫铜等工具电极，对任何导电的难加工材料进行加工，达到以柔克刚的效果。如硬质合金、耐热合金、淬火钢、不锈钢、金属陶瓷、磁钢等用普通加工方法难以加工或无法加工的材料。

②由于电火花加工是一种非接触式加工，加工时不产生切削力，不受工具和工件刚度的限制，因而有利于实现微细加工，如对薄壁、深小孔、百孔、窄缝及弹性零件等的加工。

③由于电火花加工中不需要复杂的切削运动，因此，有利于异形曲面零件的表面加工。而且，由于工具电极的材料可以较软，因而，工具电极较易制造。

④尽管利用电火花加工方法加工工件时，放电温度较高，但因放电时间极短，所以对加工表面不会产生厚的热影响层，因而适于加工热敏感性很强的材料。

⑤电火花加工时，脉冲电源的电脉冲参数调节及工具电极的自动进给等，均可通过一定措施实现自动化。这使得电火花加工与微电子、计算机等高新技术的互相渗透与交叉成为可能。目前，自适应控制、模糊逻辑控制的电火花加工已经开始应用。

但是电火花加工也有缺点：在电火花加工时，工具电极的损耗会影响加工精度。

三、超声波加工

人耳所能感受到的声波频率在 16~16000 赫兹范围内，当声波频率超过 16000 赫兹时，就是超声波。超声波加工是利用工具端面的超声频振动，或借助于磨料悬浮液加工硬脆材料的一种工艺方法。前边所介绍的电火花加工，一般只能加工导电材料，而利用超声波振动，则不但能加工像淬火钢、硬质合金等硬脆的导电材料，而且更适合加工像玻璃、陶瓷、宝石和金刚石等硬脆的非金属材料。

（1）超声波加工的原理：超声波发生器产生的超声频电振荡，通过换能器转变为超声频的机械振动。变幅杆将振幅放大到 0.01~0.15 mm，再传给工具，并驱动工具端面做超声振动。在加工过程中，由于工具与工件间不断注入磨料悬浮液，当工具端面以超声频冲击磨料时，磨料再冲击工件，迫使加工区域内的工件材料不断被粉碎成很细的微粒脱落下来。此外，当工具端面以很大的加速度离开工件表面时，加工间隙中的工作液内可能由于负压和局部真空形成许多微空腔。当工具端面再以很大的加速度接近工件表面时，空腔闭合，从而形成可以强化加工过程的液压冲击波，这种现象称为“超声空化”。因此，超声波加工过程是磨粒在工具端面的超声振动下，以机械锤击和研抛为主，以超声空化为辅的综合作用过程。

（2）超声波加工的特点：

①超声波加工适宜于加工各种硬脆材料，尤其是利用电火花和电解加工方法难以加工的不导电材料和半导体材料，如玻璃、陶瓷、玛瑙、宝石、金刚石以及钻和硅等。

②由于超声波加工中的宏观机械力小，因此能获得良好的加工精度和表面粗糙度。尺寸精度可达 0.02~0.01 mm，表面粗糙度度值可达 0.8~0.1 μ m。

③超声波加工时，工具和工件无需作复杂的相对运动，因此普通的超声波加工设备结构较简单。但若需要加工复杂精密的三维结构，仍需设计与制造三坐标数控超声波加工机床。

（3）超声波加工的应用范围：超声波加工的生产率一般低于电火花加工和电解加工，但加工精度和表面质量都优于前者。更重要的是，它能加工前者所难以加工的半导体和非导体材料，因此应用也十分广泛。它主要应用在以下方面：

①型孔和型腔加工：目前超声波加工主要用于加工硬脆材料的圆孔、异形孔和各种型腔，以及进行套料、雕刻和研抛等。

②切割加工：锗、硅等半导体材料又硬又脆，用机械切割非常困难，采用超声波切割则十分有效。

③超声波清洗：超声波在液体中会产生交变冲击波和超声空化现象，这两种作用的强度达到一定值时，产生的微冲击就可以使被清洗物表面的污渍遭到破坏并脱落下来。而且超声作用无孔不入，所以即使是小孔和窄缝中的污物也容易被清洗干净。目前，超声波清洗不但用于机械零件或电子器件的清洗，也用于医疗器皿，如生理盐水瓶、葡萄糖水瓶的清洗。利用超声振动去污原理，国外已生产出超声波洗衣机。

④超声波焊接：超声波焊接是利用超声频的振动作用，去除工件表层的氧化膜，使工件露出新的本体表面的一种加工方法。加工时，被焊工件表层的分子在高速振动撞击下，摩擦生热并亲和焊接在一起。

超声波的应用范围十分广泛。由于其具有定向发射、定向反射等特性，超声波可以用于测距和无损检测等，还可以利用超声振动制作医疗用的超声手术刀等。

四、电解加工

电解加工是利用金属在电解液中产生阳极溶解的电化学原理对工件进行成型加工的一种工艺方法，是电化学加工中的一种重要方法。

（1）电解加工的特点：

①不受材料本身强度、硬度和韧性的限制，可以加工淬火钢、硬质合金、不锈钢和耐热合金等高强度、高硬度和高韧性的导电材料。

②加工中不存在机械切削力，工件不会产生残余应力和变形，也没有飞边毛刺。

③加工精度高，可以达到 0.1 mm 的平均加工精度和 0.01 mm 的最高加工精度，平均表面粗糙度 Ra 值可达 0.8 μ m，最小表面粗糙度 Ra 值可达 0.1 μ m。

④加工过程中工具阴极理论上不会损耗，可长期使用。

⑤生产率较高，为电火花加工的 5~10 倍，某些情况下甚至高于切削加工。

⑥能以简单的进给运动一次加工出形状复杂的型腔与型面。

电解加工也有缺点：电解加工的附属设备多，造价高，占地面积大，电解液易腐蚀机床和污染环境，而且，目前它的加工稳定性不够高。

（2）电解加工的应用范围：在中国，电解加工很早就得到了应用。中国于 20 世纪 50 年代末，首先在军工领域进行电解加工炮管腔线的工艺研究，很快取得成功并用于生产，不久便迅速推广到航空发动机叶片型面及锻模型面的加工。到 60 年代后期，电解加工已成为航空发动机叶片生产的定型工艺。在我国科技人员的长期努力下，电解加工在许多方面取得了突破性进展。例如，用锻造叶片毛环直接电解加工出复杂的叶片型面，当时达到世界先进水平。今天，无论是我国还是工业发达国家，电解加工已成为国防航空和机械制造业中不可缺少的工艺手段。它的应用主要在以下几个方面：

①电解锻模型腔：由于电火花加工的精度容易控制，多数锻模的型腔都采用电火花加工。但电火花加工的生产率较低，因此对于精度要求不太高的矿山机械、汽车拖拉机等所需的锻模，正逐步采用电解加工。

②电解整体叶轮：叶片是喷气发动机、汽轮机中的关键零件，它的形状复杂，精度要求高，生产批量大。采用电解加工，不受材料硬度和韧性的限制，在一次行程中可加

工出复杂的叶片型面，与机械加工相比，具有明显的优越性。

采用机械加工方法制造叶轮时，叶片毛坯是精密铸造的，经过机械加工和抛光，再分别镶入叶轮轮缘的槽中，最后焊接形成整体叶轮。这种方法加工量大、周期长、质量难以保证。电解加工整体叶轮时，只要先将整体叶轮的毛坯加工好，就可用套料法加工。每加工完一个叶片，退出阴极，后再依次加工下一个叶片。这样不但可大大缩短加工周期，而且可保证叶轮的整体强度和质量。

③电解去毛刺：机械加工中常采用钳工方法去毛刺，这不但工作量大，而且有的毛刺因过硬或空间狭小而难以去除。而采用电解加工，则可以提高工效，节省费用。

利用电解加工，不仅可以完成上述重要的工艺过程，还可以用于深孔的扩孔加工、型孔加工以及抛光等工艺过程中。

五、水射流加工

高压水射流加工是用水作为携带能量的载体，用高速水射流对各类材料进行切割、穿孔和表层板料去除的加工方法。其水喷射的流速要达到音速的2~3倍。高压水射流加工技术一般分为纯水射流切割和磨料射流切割，前者水压在20~400 MPa，喷嘴孔径为0.1~0.5 mm；后者水压在300~1000 MPa，喷嘴孔径为1~2 mm。

（1）高压水射流加工特点：

几乎适用于加工所有的材料，除钢铁、铜、铝等金属材料外，还能加工特别硬脆、柔软的非金属材料，如塑料、皮革、木材、陶瓷和复合材料等；加工质量高，无撕裂或应变硬化现象，切口平整、无毛边和飞刺；切削时无火花，对工件不会产生任何热效应，也不会引起表面组织的变化，这种冷加工很适合对易爆易燃物件的加工；加工清洁，不产生烟尘或有毒气体，减少空气污染，提高操作人员的安全性；减少刀具准备、刃磨和设置刀偏量等工序，并能显著缩短安装调整时间。

（2）高压水射流加工应用范围：高压水射流加工技术是近20年来迅速发展起来的新技术，目前主要用在汽车制造、石油化工、航空航天、建筑、造船、造纸、皮革及食品等工业领域。

纯水型射流切割加工设备主要适用于切割橡胶、布、纸、木板、皮革、泡沫塑料、玻璃、毛织品、地毯、碳纤维织物、纤维增强材料和其他层压材料。

磨料射流切割加工设备主要适用于切割对热敏感的金属材料、硬质合金、表面堆焊硬化层的零件、外包或内衬异种金属和非金属材料的钢质容器和管子、陶瓷、钢筋混凝土、花岗岩及各种复合材料等。

此外，高压水射流加工技术还可用于各种材料的打孔、开凹槽、焊接接头清根、焊趾整形加工和清除焊缝中的裂纹等。

高压水射流加工技术目前正朝着精细加工的方向发展，随着高压水发生装置制造技术的不断发展，设备成本不断降低，它的应用前景是引人注目的。

第四节　制造中的测量与检验技术

精密制造首先立足于精密测量。测量是以确定最值为目的的一组操作，通过将被测参数的量值与作为单位的标准量进行比较，比出的倍数即为测量结果。与测量概念相近的是检验，它常常仅需分辨出参数最值所列属的某一范围，以此来判别被测参数合格与否或现象的有无等。机械加工的零件、生产的机器和产品都需要经过检验或测录，以判定其是否合格。

检测是意义更为广泛的测量：检测不仅包含了上述两种内容，此外，对被测控对象有用信息的信号的检出，也是检测极为重要的内容。具体到工程检测技术，它的任务不仅是对成品或半成品的检验和测量（如热工参数、几何参数、表面质量、内部缺陷、探伤、泄漏检查、成分分析等），而且必借助检测手段随时掌握成品或半成品质量的好坏程度。为此，就要求随时检查、测量这些参数的大小、变化等情况。因而，工程检测技术就是对生产过程和运动对象实施定性检查和定量测量的技术。

从检测技术的定义中可以看出，人类在研究未知世界的过程中是离不开检测技术及其发展的。如最早人类只依靠自身的感觉器官（听觉、视觉、嗅觉、味觉、触觉）和简陋的量具去观察自然现象，此时检测技术仅仅达到人感觉器官所能达到的限度，因此作用也很有限。只有检测技术的高度发展，才使人类认识客观世界达到相当的深度和广度。如生物显微镜及电子显微镜的出现，使人们能观察生物细胞、材料结构等微观世界；射电望远镜可使人们能主动地探索浩瀚的宇宙；红外、微波等检测技术的发展，并在卫星探测上得到应用后，使人们由依靠局部的观察来推测气象、水文、资源、污染、森林覆盖、泥沙流失、农业收成等发展到能从整个地球的宏观上去观察。因此，也就更为及时、客观和真实。

工程检测技术的发展，从原来的仅能对成品和半成品进行生产后的检测，发展成能对生产过程或运动对象进行控制，及时提供正确的信息程度。因此，也成为实施工业自动化的重要支柱。离开了对被控对象信号的采集、传输、存贮、变换以及从这些信号中定性、定量地获取有用信息，任何先进的控制想法都将无法实施。

一、常用的计量工具

量具的使用广泛存在于各行各业及现实生活中，所以提到量具，人们并不感到陌生。然而本文所讲述的量具，既不是日常生活中使用的普通量具，也不是包罗一切的所有量具，它是指目前我国机械制造工业中普遍使用的测量工具。

在机械制造工业中，我们会经常用光长度基准直接对零件尺寸进行测量，其准确度固然高，但在广泛的测量中，直接用光进行测量十分不便。为了满足实际测量的需要，长度标准必须通过各级传递，最后由量具生产厂家制造出工作量具。这些工作量具就是实际生产中人们常说的“量具”。正是由于零件尺寸是由国家基准逐级传递下来的，所以全国范围内尺寸的一致性就有了可靠的保证。

（1）游标卡尺：游标卡尺是机械加工中广泛应用的量具之一。它可以直接测量出各种工件的内径、外径、中心距、宽度、长度和深度等。它是利用游标原理，对两测量爪相对移动分隔的距离，进行读数的通用长度测量工具。它的结构简单，使用方便，是一种中等精确度的量具。

（2）千分尺：千分尺也是机械加工中使用最广泛的精密量具之一。千分尺的品种与规格较多，按用途和结构可分为：外径千分尺、内径千分尺、深度千分尺、壁厚千分尺、杠杆千分尺、螺纹千分尺、公法线长度千分尺等。

在这里我们仅介绍一种最常用的外径千分尺。外径千分尺的读数机构是由固定套管和微分筒组成的。固定套管上的纵刻线是微分筒读数值的基准线，而微分筒锥面的端面是固定套管读数值的指示线。

固定套管纵刻线的两侧各有一排均匀刻线，刻线的间距都是 1 mm，且相互错开 0.5 mm。标出数字的一侧表示毫米数，未标数字的一侧即为 0.5 mm 数。

用外径千分尺进行测量时，其读数可分以下三步：

读整数——读出微分筒锥面的端面左边固定套管上露出来的刻线数值，即为被测件的毫米整数或 0.5 mm 数。

读小数——找出与基准线对准的微分筒上的刻线数值；如果此时整数部分的读数值为毫米整数，那么该刻线数值就是被测件的小数值；如果此时整数部分的读数值为 0.5 mm，则该刻线数值还要加上 0.5 mm 后才是被测件的小数值。

整个读数——把上面两次读数值相加，就是被测件的整个读数值。

（3）百分表和千分表：百分表和千分表都是利用机械传动系统，把测杆的直线位移转变为指针在表盘上角位移的长度测量工具，它们结构相似，功能原理相同。其外形可用来检查机床或零件的精确程度，也可用来调整加工工件装夹位置偏差。

当测杆移动 1 mm 时，指针就转动一圈。其中百分表的圆刻度盘沿圆周有 100 个等分度，即每一分度值相当于测杆移动 0.01 mm，而千分表的分度值为 0.001 mm。

在用百分表和千分表进行测量时，要注意以下几点：

①按被测工件的尺寸和精度要求，选择合适的表。

②使用前先查看量具检定合格证是否在有效期内，如无检定合格证，该表绝对不能使用。然后用清洁的纱布将表的测量头和测量杆擦干净，进行外观检查，这时表盘不应松动，指针不应弯曲。测量杆、测量头等活动部分应无锈蚀和碰伤，测量头应无磨损痕迹。

③测量杆移动要灵活，指针与表盘应无摩擦。多次拨动测量头，指针能回到原位。

④根据工件的形状、表面粗糙度和材质，选用适当的测量头：球形工件用平测量头；圆柱形或平面形的工件用球面测量头；凹面或形状复杂的表面用尖测量头。使用尖测量头时应注意避免划伤工件表面。

⑤使用前，将表装夹在表架或专用支架上，夹紧力要适当，不宜过大或过小。测量时，为了读数方便，都喜欢把指针转到表盘的零位作起始值。在相对测敏时，用量块作为对零件的基准。

对零位时先使测量头与基准表面接触，在测量范围允许的条件下，最好把表压缩，使指针转过一圈后再把表紧固住，然后对零位。为了校验一下表装夹的可靠性，这时可把测量杆提起 1~2 mm，再轻轻放下，反复两三次，如对零位置无变化，则表示装夹可靠，方可使用。当然在测量时，也可以不必事先对零位，但用这种方法应记住指针起始位置的刻度值，否则测量结束时很容易把测量结果算错。

⑥测盘时，应轻轻提起测量杆，再把被测工件移到测量头的下面。放松测量杆时，应慢慢使测量头与被测件相接触。不允许把工件强迫推入到测量头的下面，也不允许提起测量杆后突然松手。

⑦测量时，百分表的测量杆要与被测工件表面保持垂直；而测量圆柱形工件时，测量杆的中心线则应垂直地通过被测工件的中心线，否则将增大测量误差。

百分表和千分表的读数须采用以下方法：

由表的结构可知，在测量中，主指针只要转动，转数指针也必然随之转动。两者的转数关系为：主指针转一圈，转数指针相应地在转数指示盘上转一格。因此，毫米读数可从转数指针转过的分度中求得，毫米的小数部分可从主指针转过的分度中求得。如遇测量偏差值大于 1 mm 时，转数指针与主指针的起始位置应记清。小公差值的测量则不必看转数指针。所以对于百分表和千分表，其示值 = 读数值 × 读数。例如，表指针转过 10 个分度，百分表示值 = 读数值 X 读数 =0.01 mm × 10=0.1 mm，而千分表就为 0.001 mm × 10=0.01 mm。而且在读百分表和千分表的示值时，要顺着光线，正对刻度盘，视线与表针垂直，以免因视觉造成不必要的误差。

二、传感器

传感器有时亦被称为换能器、变换器、变送器或探测器，是指那些对被测对象的某一确定的信息具有感受（或响应）与检出功能，并使之按照一定规律转换成与之对应的有用输出信号的元器件或装置。从其功能出发，人们形象地将传感器描述为那些能够取代甚至超出人的“五官”，具有视觉、听觉、触觉、嗅觉和味觉等功能的元器件或装置。这里所说的“超出”，是因为传感器不仅可应用于人无法忍受的高温、高压、辐射等恶劣环境，还可以检测出人类“五官”不能感知的各种信息，如微弱的磁、电、离子和射线的信息，以及远远超出人体“五官”感觉功能的高频、高能信息等。总之，传感器的主要特征是能感知和检测某一形态的信息，并将其转换成另一形态的信息。

传感器一般是利用物理、化学和生物等学科的某些效应或机理，按照一定的工艺和结构研制出来的。传感器的组成细节有较大差异，但总的来说，传感器由敏感元件、转换元件和其他辅助元件组成。敏感元件是指传感器中能直接感受（或响应）与检出被测对象的待测信息（非电量）的部分，转换元件是指传感器中能将敏感元件所感受（或响应）出的信息直接转换成电信号的部分。其他辅助元件通常包括电源，即交、直流供电系统。

目前，具有各种信息感知、采集、转换、传输和处理的功能传感器件，已经成为各个应用领域，特别是自动检测、自动控制系统中不可缺少的重要工具。例如，在各种航天器上，利用多种传感器测定和控制航天器的飞行参数、姿态和发动机工作状态，将传感器获取的种种信号再输送到各种测量仪表和自动控制系统，进行自动调节，使航天器按人们预先设计的轨道正常运行。

由于传感器是信息采集系统的首要部件，是实现现代化测量和自动控制（包括遥感、遥测、遥控）的主要环节，是现代信息产业的源头，又是信息社会赖以存在和发展的物质与技术基础。因此，传感技术与信息技术、计算机技术并列成为支撑整个现代信息产业的三大支柱。可以设想，如果没有高度保真和性能可靠的传感器，没有先进的传感器技术，那么信息的准确获取就成为一句空话，信息技术和计算机技术就成了无源之水。目前，从宇宙探索、海洋开发、环境保护、灾情预报到包括生命科学在内的每一项现代科学技术的研究以及人民群众的日常生活等，几乎无一不与传感器和传感器技术紧密联系着。可见，应用、研究和开发传感器和传感器技术是信息时代的必然要求。

传感器种类很多，按被测物理量分类主要有压力、温湿度、流量、位移、速度、加速度传感器等。按敏感元件类型主要有电阻式、压电式、电感式、电容式传感器等。下面对几种常见的传感器作简单介绍。

（1）电阻式传感器：电阻式传感器是将非电量（如力、位移、形变、速度和加速度等）的变化量，变换成与之有一定关系的电阻值的变化，通过对电阻值的测敏达到对上述非电量测量的目的。电阻式传感器主要分为两大类：电位计（器）式电阻传感器以及应变式电阻传感器。

电位计（器）式电阻传感器又分为线绕式和非线绕式两种，线绕电位器的特点是：精度高、性能稳定、易于实现线性变化。非线绕式电位器的特点是：分辨率高、耐磨性好、寿命较长。它们主要用于非电量变化较大的测量场合。

应变式电阻传感器是利用应变效应制造的一种测量微小变化量的理想传感器，其主要组成元件是电阻应变片。电阻应变片品种繁多，形式多样，但常用的可分为两类：金属电阻应变片和半导体电阻应变片。金属电阻应变片就是由金属丝和金属片为材料制造的，而半导体应变片则是用半导体材料制成的应变片。根据应变式电阻传感器所使用的应变片的不同，应变式电阻传感器可分为金属应变片和半导体应变片。这类传感器灵敏度较高，用于测量变化量相对较小的情况。目前，应变式电阻传感器是用于测量力、力矩、压力、加速度、重量等参数的最广泛的传感器之一。

电阻式传感器的应用范围很广，如电阻应变仪和电位器式压力传感器等，其使用方法也较为简单。例如，在测量试件应变时，只要直接将应变片粘贴在试件上，即可用测量仪表（例如电阻应变仪）测量；而测量力、加速度等，则需要辅助构件（例如，弹性元件、补偿元件等），首先将这些物理量转换成应变，然后用应变片进行测量。

（2）电容式传感器：电容式传感器的核心是电容器，其构成极为简单，两块互相绝缘的导体为极板，中间隔以不导电的介质。

电容式传感器主要有以下优点：由于极板间引力是静电引力，一般只有毫克级，所以仅需很少能量就能改变电容值；极板很轻薄，因此容易得到良好的动态特性；介质损耗很小，发热甚微，有利于在高频电压下工作；结构简单，允许在高、低温及辐射等环境下工作；有的型式（如变 d 型），电容相对变化量大，因此容易得到高的灵敏度；可以把被测试件作为电容器的一部分（如极板或介质），故极易实现非接触测量。

由于电子技术的发展，电容式传感器应用更加广泛，特别是它的一些优点被充分地利用，如作用能量小、相对变化量大、灵敏度高（如变 d 型）、结构简单等。目前，电容式传感器在压力、差压、荷重以及小位移的检测中广为应用。

（3）电感式传感器：电感式传感器是利用电磁感应把被测的物理量如位移、压力、流量、振动等转换成线圈的自感系数或互感系数的变化，再由测量电路转换为电压或电流的变化量输出，实现非电量到电量转换的装置。

电感式传感器种类很多，主要有自感式、互感式和涡流式 3 种传感器。

电感式传感器主要具有以下特点：结构简单，传感器无活动电触点，因此工作可靠，寿命长；灵敏度和分辨率高，能测出 0.01μm 的位移变化。传感器的输出信号强，电压灵敏度一般每毫米的位移可达数百毫伏的输出；线性度和重复性都比较好，在一定位移范围几十微米至数毫米内，传感器非线性误差可达到0.05%~0.1%，并且稳定性也较好。同时，这种传感器能实现信息的远距离传输、记录、显示和控制，因此它在工业自动控制系统中被广泛采用。但是它有频率响应较低，不宜快速动态测控等缺点。

电感式传感器可以测量位移（如汽轮机主轴的轴向窜动）、金属材料的热膨胀系数、钢水液位等，还可测量振幅和转速（如机床主轴振动形状的测量）、变速器中齿轮的转动频率等。

（4）压电式传感器：压电式传感器是以具有压电效应的压电器件为敏感元件而组成的传感器，它将被测量转换成电荷，产生静电电位差，因此它和磁电传感器、热电传感器一样属于有源传感器。而且压电效应具有可逆性。因此，压电器件还是一种典型的双向有源传感器。基于这一特点，压电式传感器已被广泛应用于超声、通信、宇航、雷达和引爆等领域，并与激光、红外、超声等技术相结合，成为发展新技术和高科技的重要器件。

它的主要优点是：体积小、重量轻、结构简单、功耗小、寿命长、动态性能好，特别适用于动态力的检测，如用于爆炸的冲击波、爆破力、瞬时冲击力以及瞬态压力等方面的检测，进行数值测量和波形复现。

根据压电式传感器在检测技术中的应用可分为两大类型：一类是基于正压电效应的力电转换型传感器。这种传感器是把被测量转换成作用于压电元件的力，再由它变换成电量或电荷，实现被测量的检出，如用于检测力、压力、加速度等的压电传感器都属于此类。另一类是基于逆压电效应的谐振型传感器，这一类传感器是利用压电元件构成压电谐振器，由输入信号调制压电谐振器的参数实现检测。用于超声检测中的超声发生器就属于此种类型。

三、三坐标测量机

随着制造技术的飞速发展，特别是计算机辅助制造技术的应用，零件的加工质量有了极大的提高，以往难以精确制造的复杂零件，如有复杂曲面曲线零件的精确加工制造已成为现实等，从而大大提高了产品质量和生产效率。在整个零件的生产制造过程中，要切实保障零件的加工质量，就必须有相应的技术手段。与计算机辅助制造技术相对应的测量技术就是计算机辅助测量技术，在机械加工领域，最具代表性的计算机辅助测量技术就是三坐标测量技术。

三坐标测量机是集精密测量技术、光机电一体化技术、计算机技术于一体的高科技测量设备。三坐标测量机是通过对零件表面点的测量来获取零件表面上离散点的几何信息，然后通过计算，还原处理零件形面的几何信息，并在这些信息的基础上，计算出零件中各几何元素的尺寸与形位公差。三坐标测量机作为一种通用性强、高自动化、高精度数字化测量系统，具有很大的通用性与柔性，几乎可以测量任何工件的任何几何元素的任何参数。当前，没有其他任何测量仪器，具有三坐标测量机这样的柔性、万能性，能在计算机控制下完成各种复杂测量，能与加工机床交换信息，完成保证质量、控制加工的任务。针对不同的测量对象，有多种不同结构形式的三坐标测量机可供选择，比较典型的有龙门式、桥式、悬臂式和仪器台式。三坐标测量机在生产中的应用将日益广泛。

随着工业的发展和科学技术的进步，测量技术及其设备已成为机械工业发展的基础。20 世纪 70 年代初，一些大企业，特别是大型汽车企业，为了产品开发和加工生产的需要，对三坐标测量机提出了迫切需要。三坐标测量机首先由美国 Bendix 公司研究推出，日本 BOCKI 公司 20 世纪 70 年代中期引进专利，随后我国少数大汽车厂及高等院校也从美国、意大利、法国等国引进了这种仪器，用于对生产现场大型复杂零件、汽车车身等进行实体测量。

三坐标测量机的基本用途是对各种模具的划线和几何尺寸、形位公差的测量，各种壳体零件、铸件、冲压件、锻压件的划线测量，机床、液压、内燃机、建筑机械、航空等行业的箱体零件的测量，焊接件的测量，定中心和几何尺寸的相互位置的测量等。三坐标测量机的扩展功能包括快速、高精度测量，对工件自动找正，坐标系的转换，实物编程；三坐标测量机还可以作为柔性坐标测量中心，等等。三坐标测量机可以测量长度、角度、空间交点、交线等几何参数，也可测量形状、位置误差，如形状公差中的直线度、平面度、圆度、圆柱度、线轮廓度、面轮廓度，位置公差中的平行度、垂直度、倾斜度、同轴度、对称度、位置度、圆跳动、全跳动等。

随着微细加工、纳米加工等现代制造技术的发展，制造业的高精度对测量技术提出了更高的要求。以三坐标测量机为代表的测量技术发展趋势呈现出以下几个特点：

（1）更高的测量精度：目前，精密级的三坐标测量机的坐标测量精度可达到微米级，但现代制造的超精加工、纳米级甚至原子级加工技术的发展对三坐标测量机的精度提出更高的要求，以适应超精加工与科学技术发展的需要。

（2）高效率：随着生产节奏不断加快，要求测量机在保证测量精度的同时，还要有较高的效率。首先需要改进测量机的结构设计，减轻运动部件的质量。其次要提高控制系统性能，使测量机能以较高速度运动，同时运动平稳，定位准确，不产生振荡、过冲等现象。

（3）多功能、便携式测量技术逐渐融入三坐标测量领域：相对传统的坐标测量机来说，它的体积小，重量轻，并且可以将臂折叠起来，放入专用皮箱中，便于携带；方便在现场测量，甚至可以将其固定在被测物上；柔性大，运动灵活，测量空间更大。

（4）非接触测量技术激光扫描测量的应用兴起：非接触性测量由于其测量的高效性和广泛的适用性而得到了广泛的研究。将其应用于三坐标测量机，借用计算机技术，可以实现快速、准确地测量，方便记录，存储，打印，查询等功能。极大提高了三坐标测量机的使用性能。

（5）发展探测技术，完善测量机配置：探测技术在三坐标测量机中占有重要位置。从原理上说只要测头能探及，三坐标测量机就能测量。探测技术发展的第一个重要趋势是，非接触测头将得到广泛的应用。发展非接触测头的同时，具有高精度、较大量程、能用于扫描测量的模拟测头以及能伸入小孔、用于测量微型零件的专门测头也将获得发展。另外，不同类型的测头同时使用或交替使用，也是一个重要发展方向。

为了完善测量机功能，还将发展计算机数控的分度台与回转台。配置一维或二维分度台（能绕两个相互垂直轴回转的分度台），使三坐标测量机变为四坐标或五坐标测量机。精密回转台还使三坐标测量机具有圆度测量功能。

（6）采用新材料，运用新技术：近年来，铝合金、陶瓷材料以及各种合成材料在三坐标测量机中得到了越来越广泛的应用。有一些材料将在制作一些有特殊要求的测量机部件中得到应用。例如，在超高精度的三坐标测盘机中，采用零膨胀系数的微晶玻璃制作一些关键部件；利用膨胀系数小、具有高的弹性模量与密度小的碳化纤维制作探针与接长杆等。其他一些新技术，如磁悬浮技术也会在测量机及其测头中获得应用。

（7）控制系统更开放：在现代制造系统中，测量的目的越来越不能仅仅局限于成品验收检验，而是向整个制造系统提供有关制造过程的信息，为控制提供依据。从发展趋势来看，三坐标测量机将越来越多地用于数字化生产线，成为现代制造系统的一个有机组成部分，能与其他生产机器联网、通信，完成计算机辅助设计、制造、工艺规划。从这一要求出发，必须要求测量机具有开放式控制系统，具有更大的柔性。所以从整个发展趋势来看，加快发展开放式的控制系统是必然的。

总之，应用新材料、采用新加工技术使一些新原理得以实现，不断研制出一些新型的性能优良的传感器，不但解决了一些难于检测的问题，而且微电子技术的利用，使得传感器性能进一步提高。现代测量技术正向着集成化、微小型化，多功能、智能化，虚拟、网络化，系统化、高精度以及高可靠性和安全性方向发展。

第五节　机械制造中的装配技术

一、装配与装配方法

任何机器都是由许多零部件经过装配组合而成的。装配是机器制造过程中的最后一个阶段，包括装配、调整、检验和试车、试验等内容。通过装配可以保证机器的质量，也能发现产品设计和零件制造中的问题，从而不断改进和提高产品质量，降低成本。

装配精度不仅影响产品的质量，而且影响制造的经济性。它是确定零部件精度要求和制订装配工艺规程的一项重要依据。

机器的装配精度的主要内容包括：零部件间的尺寸精度、相对运动精度、相互位置精度和接触精度。

机器、部件、组件等是由零件装配而成的，因而零件的有关精度直接影响到相应的装配精度。例如，滚动轴承游隙的大小，是装配的一项最终精度要求，它由滚动体的精度、轴承外环内滚道的精度及轴承内环外滚道的精度来保证。这时就应合理地控制上述三项有关精度，使三项误差的累积值等于或小于轴承游隙的规定值。

可见，要合理地保证装配精度，必须从机器的设计、零件的加工、装配以及检验等全过程来综合考虑。在机器设计过程时，应合理地规定零件的尺寸公差和技术条件，并计算、校核零部件的配合尺寸及公差是否协调。在制定装配工艺、确定装配工序内容时，应采取相应的工艺措施，合理地确定装配方法，以保证机器性能和重要部位装配精度要求。

为了达到装配精度，人们根据产品的结构特点、性能要求、生产纲领和生产条件创造出许多行之有效的装配方法。归纳有互换法、选配法、修配法和调整法四大类。

（1）互换法：互换法可以根据互换程度，分完全互换和不完全互换。

完全互换就是机器在装配过程中每个待装配零件不需挑选、修配和调整，装配后就能达到装配精度要求的一种装配方法，这种方法是用控制零件的制造精度来保证机器的装配精度。完全互换法的优点是装配过程简单，生产效率高；对工人的技术水平要求不高；便于组织流水作业及实现自动化装配；便于采用协作生产方式。组织专业化生产，降低成本；备件供应方便，利于维修等。因此只要能满足零件经济精度加工要求，无论何种生产类型，首先考虑采用完全互换装配法。

当机器的装配精度要求较高，装配的零件数目较多，难以满足零件的经济加工精度要求时，可以采用不完全互换法保证机器的装配精度。采用不完全互换法装配时，零件的加工误差可以放大一些，使零件加工容易，成本低，同时也达到部分互换的目的。其缺点是将会出现一部分产品的装配精度超差。

（2）选配法：在成批或大量生产的条件下，若组成零件不多但装配精度很高，采用互换法将使零件公差过严，甚至超过了加工工艺的现实可能性。在这种情况下，可采用选配法进行装配。选配法又分三种：直接选配法、分组选配法和复合选配法。

直接选配法是由装配工人从许多待装的零件中，凭经验挑选合适的零件装配在一起，保证装配精度。这种方法的优点是简单，但是工人挑选零件的时间可能较长，而装配精度在很大程度上取决于工人的技术水平，且不宜用于大批量的流水线装配。

分组选配法是先将被加工零件的制造公差放宽几倍（一般放宽 3~4 倍），加工后测量分组（公差带放宽几倍就分几组），并按对应组进行装配以保证装配精度的方法。分组选配法在机器装配中用得很少，而在内燃机、轴承等大批大量生产中有一定的应用。

复合选配法是上述两种方法的复合。先将零件预先测量分组，装配时再在各对应组内凭工人的经验直接选择装配。这种装配方法的特点是配合公差可以不等。其装配质量高，速度较快，能满足一定生产节拍的要求。在发动机的气缸与活塞的装配中，多采用这种方法。

（3）修配法：在单件小批生产中，装配精度要求很高且组成环多时，各组成环先按经济精度加工，装配时通过修配某一组成环的尺寸，使封闭环的精度达到产品精度要求，这种装配方法称为修配法。修配法的优点是能利用较低的制造精度，来获得很高的装配精度。其缺点是修配劳动量大，要求工人技术水平高，不易预定工时，不便组织流水作业。利用修配法达到装配精度的方法较多，常用的有单件修配法、合并修配法和自身加工修配法等。

（4）调整法：调整法与修配法在原则上是相似的，但具体方法不同。调整装配法是将所有组成环的公差放大到经济精度规定的公差进行加工。在装配结构中选定一个可调整的零件，装配时用改变调整件的位置或更换不同尺寸的调整件来保证规定的装配精度要求。常见的调整法有可动调整法、固定调整法和误差抵消调整法三种。

二、装配工艺规程的制定

（1）制定装配工艺规程的基本原则：装配工艺规程是用文件形式规定下来的装配工艺过程，它是指导装配工作的技术文件，是设计装配车间的基本文件之一，也是进行装配生产计划及技术准备的主要依据。所以，机器的装配工艺规程在保证产品质量、组织工厂生产和实现生产计划等方面有重要作用，在制定时应注意以下 4 条原则：

①在保证产品装配质量的情况下，延长产品的使用寿命。

②合理安排装配工序，减少钳工装配工作量。

③提高效率，缩短装配周期。

④尽可能减少车间的作业面积、力争单位面积上有最大生产率。

（2）装配工艺规程的内容：

①进行产品分析，根据生产规模合理安排装配顺序和装配方法，编制装配工艺系统图和工艺规程卡片。

②确定生产规模，选择装配的组织形式。

③选择和设计所需要的工具、夹具和设备。

④规定总装配和部件装配的技术条件、检查方法。

⑤规定合理的运输方法和运输工具。

（3）制定装配工艺规程的步骤：

①进行产品分析：分析产品图样，掌握装配的技术要求和验收标准。对产品的结构进行尺寸分析和工艺分析。研究产品分解成“装配单元”的方案，以便组织平行、流水作业。

②确定装配的组织形式：装配的组织形式根据产品的批量、尺寸和质量分固定式和移动式两种。固定式是工作地点不变的组织形式；移动式是工作地点随着小车或运输带而移动的组织形式。固定式装配工序集中，移动式装配工序分散。单件小批、尺寸大、质量大的产品用固定装配的组织形式，其余用移动装配的组织形式。装配的组织形式确定以后，装配方式，工作地点的布置也就相应确定。工序的分散与集中以及每道工序的具体内容也根据装配的组织形式而确定。

③拟定装配工艺过程：在拟定装配工艺过程时，可按以下步骤进行：

确定装配工作的具体内容：根据产品的结构和装配精度的要求可以确定各装配工序的具体内容。

确定装配工艺方法及设备：为了进行装配工作，必须选择合适的装配方法及所需的设备、工具、夹具和量具等。

确定装配顺序：各级装配单元装配时，先要确定一个基准件进入装配，然后根据具体情况安排其他单元进入装配的顺序，如车床装配时，床身是一个基准件先进入总装，其他的装配单元再依次进入装配。从保证装配精度及装配工作顺利进行的角度出发，安排的装配顺序为：先下后上，先内后外，先难后易，先重大后轻小，先精密后一般。

确定工时定额及工人的技术等级：目前装配的工时定额大都根据实践经验估计，工人的技术等级并不作严格规定。但必须安排有经验的技术熟练的工人在关键的装配岗位上操作，以把好质量关。

编写装配工艺文件：装配工艺规程中的装配工艺过程卡片和装配工序卡片的编写方法与机械加工的工艺过程卡和工序卡基本相同。在单件小批生产中，一般只编写工艺过程卡，对关键工序才编写工序卡。在生产批量较大时，除编写工艺过程卡外还需编写详细的工序卡及工艺守则。

第五章　现代机械制造技术

第一节　特种加工技术

特种加工的原理是利用诸如化学的、物理的（电、声、光、热、磁）、电化学的方法对材料进行加工。与传统的机械加工方法相比，它具有一系列的特点，能解决大量传统机械加工方法难以解决甚至不能解决的问题，因而自其产生以来，得到迅速发展，并显示出极大的潜力和应用前景。

特种加工的主要优点如下。

（1）加工范围不受材料物理机械性能的限制，具有“以柔克刚”的特点，可以加工任何硬的、脆的、耐热或高熔点的金属或非金属材料。

（2）特种加工很方便地完成常规切（磨）削加工很难，甚至无法完成的各种复杂型而、窄缝、小孔的加工，如汽轮机叶片的面、各种模具的立体面型腔、喷丝头的小孔等。

（3）用特种加工方法获得的零件精度及表面质量有其严格的、确定的规律性，充分利用这些规律性，可以有目的地解决一些工艺难题和满足零件表面质量方面的特殊要求。

（4）许多特种加工方法对工件无宏观作用力，因而适于加工薄壁件、弹性件；某些特种加工方法则可以精确地控制能量，适于进行高精度和微细加工；还有一些特种加工方法则可在可控制的气氛中工作，适于无污染要求的纯净材料的加工。

（5）不同的特种加工方法各有所长，它们之间合理的复合工艺，能扬长避短，形成有效的新加工技术，从而为新产品结构设计、材料选择、性能指标拟定提供了更为广阔的空间。

特种加工方法种类较多，主要的有：化学加工（CHM）、电化学加工（ECM）、电化学机械加工（ECMM）、电火花加工（EDM）、超声波加工（USM）、激光束加工（LBM）、离子束加工（IBM）、电子束加工（EBM）、等离子束加工（PAM）、磨料流加工（AFM）、磨料喷射加工（AJM）、液体喷射加工（HDM）及各类复合加工等。

一、电火花加工

电火花加工又称放电加工，在20世纪40年代开始研究并逐步应用于生产。它是在加工过程中，使工具和工件之间不断产生脉冲性的火花放电，靠放电时局部、瞬时产生的高温把金属蚀除下来。因放电过程中可见到火花，故称为电火花加工，日、英、美称为放电加工，苏联称为电蚀加工。

（一）电火花加工的基本原理

电火花加工的原理是基于工具和工件（正、负电极）之间脉冲性火花放电时的电腐蚀现象来蚀除多余的金属，以达到对零件的尺寸、形状及表面质量预定的加工要求。电火花加工装置及原理如图6-1所示。工件1与工具4一般都浸在工作液中（常用煤油、去离子水等作为工作液），并分别与脉冲电源2的两输出端相连。自动进给调节装置3（此处为电动机及丝杆螺母机构）使工具和工件间经常保持很小的放电间隙，当脉冲电压加到两极之间，便在当时条件下相对某一间隙最小处或绝缘属度最低处击穿介质，在该局部产生火花放电，瞬时高温使工具和工件表面都蚀除掉一小部分金属，各自形成一个小凹坑。脉冲放电结束后，经过一段间隔时间，工作液恢复绝缘。随着相当高的频率，连续不断地重复放电，工具电极不断地向工件进给，就可将工具的形状复制在工件上，加工出所需要的零件，整个加工表面将由无数个小凹坑所组成。

（二）实现电火花加工连续生产的条件

（1）必须使工具电极和工件被加工表面之间经常保持一定的放电间隙，这一间隙随加工条件而定，通常为几微米至几百微米。如果间隙过大，极间电压不能击穿极间介质，因而不会产生火花放电；如果间隙过小，很容易形成短路接触，同样也不能产生火花放电。为此，在电火花加工过程中必须设有工具电极的自动进给和调节装置，使工具和工件保持某一放电间隙。

（2）火花放电必须是瞬时的脉冲性放电，放电延续一段时间后，需停歇一段时间，放电延续时间一般为1~1000s。这样才能使放电所产生的热量来不及传导扩散到其余部分，把每一次的放电蚀除点局限在很小的范围内；否则，像持续电弧放电那样，会使表面烧伤而无法用作尺寸加工。为此，电火花加工必须采用脉冲电源。

（3）火花放电必须在有一定绝缘性能的液体介质中进行，如煤油、皂化液或去离子水等。液体介质又称工作液，它们必须具有较高的绝缘强度，以有利于产生脉冲性的火花放电。同时，液体介质还能把电火花加工过程中产生的金属碎屑、炭黑等电蚀产物从放电间隙中悬浮排除出去，并且对电极和工件表面有较好的冷却作用。

（三）电火花加工的特点及其应用

（1）适用于任何难切削材料的加工。由于加工材料的去除是靠放电时的电热作用实现的，材料的可加工性主要取决于材料的导电性及其热学特征，如熔点、沸点、比热容、热导率、电阻率等，而几乎与其力学性能（硬度、强度等）无关。这样可以突破传统切削加工对刀具的限制，可以实现用软的工具加工硬韧的工件，甚至可以加工像聚晶金刚石、立方氮化硼一类的超硬材料。目前电极材料多采用纯铜（俗称紫铜）或石墨，因此工具电极较容易加工。

（2）可以加工特殊及复杂形状的表面和零件。由于加工中工具电极和工件不直接接触，没有机械加工宏观的切削力，因此适宜加工低刚度工件及做微细加工。由于可以简单地将工具电极的形状复制到工件上，因此特别适用于复杂表面形状工件的加工，如复杂型腔模具加工等。数控技术使得用简单的电极加工复杂形状零件也成为可能。

（3）主要用于加工金属等导电材料，但在一定条件下也可以加工半导体和非导体材料。由于电火花加工具有许多传统切削加工所无法比拟的优点，因此其应用领域日益扩大，目前已广泛应用于机械（特别是模具制造）、宇航、航空、电子、电机电器、精密机械、仪器仪表、汽车拖拉机、轻工等行业，以解决难加工材料及复杂形状零件的加工问题。加工范围已扩大到小至几微米的小轴、孔、缝，大到几米的超大型模具和零件。

二、电火花线切割加工

电火花线切割加工与电火花穿孔成型加工的基本原理一样，都是基于电极间脉冲放电时的电火花腐蚀原理，实现工件的加工。但电火花线切割加工不需要制造复杂的成型电极，而是利用移动的细金属丝（铜丝或钼丝）作为工具电极，工件按照预定的轨迹运动，“切割”出所需的各种尺寸和形状。电火花线切割加工被切割的工件作为工件电极，电极丝作为工具电极。当来一个电脉冲时，电极丝和工件之间就可能产生一次火花放电，在放电通道中瞬时可达 5000℃以上高温使工件同部金属熔化，甚至有少量汽化，高温也使电极和工件之间的工作液部分产生汽化，这些汽化后的工作液和金属蒸气瞬间迅速膨胀，并具有爆炸特性。靠这种热膨胀和局部微爆炸，抛出熔化和汽化了的金属材料从而实现对工件材料进行电蚀切割加工。

电火花线切割加工过程的工艺和机理，与电火花成型加工既有共性，又有特点。

（一）电火花线切割加工与电火花成型加工的共性表现

（1）线切割加工的电压、电流波形与电火花加工的基本相似。

（2）线切割加工的加工机理、生产率、表面粗糙度等工艺规律，材料的可加工性等也都与电火花加工的基本相似。

（二）线切割加工相比于电火花成形加工有不同特点

（1）由于电极工具是直径较小的细丝，故脉冲宽度、平均电流等不能太大，加工工艺参数的范围较小，属中、精正极性电火花加工，工件常接脉冲电源正极。

（2）采用水或水基工作液，不会引燃起火，容易实现安全无人运转，但由于工作液的电阻率远小于煤油，因而在开路状态下，仍有明显的电解电流。

（3）一般没有稳定电弧放电状态。因为电极丝与工件始终有相似运动，尤其是高速走丝电火花线切割加工。因此，线切割加工的间隙状态可以认为是由正常火花放电、开路和短路这三种状态组成，但往往在单个脉冲内有多种放电状态，有“微开路”“微短路”现象。

（4）电极与工件之间存在着“疏松接触”式轻压放电现象。研究结果表明，当柔性电极丝与工件接近到通常认为的放电间隙时，并不发生火花放电，甚至当电极丝已经接触到工件，从显微镜中看不到间隙时，也常常看不到火花，只有当工件将电极丝顶弯，偏移一定距离（几微米到几十微米）时，才发生正常的火花放电。

（5）省掉了成型的工具电极，大大降低了成型工具电极的设计和制造费用，缩短了生产周期。

（6）电极丝比较细，可以加工微细异形孔、窄缝和复杂形状的工件。

（7）由于采用移动的长电极丝进行加工，单位长度电极丝的损耗较少，从而对加工精度的影响比较小，特别在低速走丝线切割加工时，电极丝一次性使用，电极丝损耗对加工精度的影响更小。

三、电解加工

电解加工是利用金属在电解液中的电化学“阳极溶解”作用使工件加工成型的，其。工件接直流电源的正极，工具接负极，两极间保持较小的间隙（0.1~1mm），电解液以一定的压力（0.5~2MPa）和速度（5~50m/s）从间隙流过。当接通直流电源时（电压为5~25V，电流密度为10~100A/c㎡），工件与阴极接近的表面金属开始电解，工具以一定的速度（0.5~3mm/min）向工件进给，逐渐使工具的形状复映到工件上，得到所需要的加工形状。

电解加工中电解液成分、浓度及温度对各项工艺指标有很大影响，生产中应用最广的是 NaCl 电解液，此外还有 $NaNO_3$ 电解液和 $NaClO_2$ 电解液等。

电解加工不受材料的硬度、强度和韧性的限制，可加工硬质合金、淬硬钢、不锈钢、耐热合金等材料构成的零件，并可在一个工序中加工出复杂的形面来，效率比电火花成型加工高 5~10 倍。电解过程中，作为阴极的工具理论上没有损耗，故加工重复精度可达 0.1mm。加工中没有切削力，因此不会产生残余应力和飞边毛刺，可以加工薄壁、深孔零件，加工后的表面粗糙度值也较低。电解加工的主要缺点是：设备投资较大，耗电量大，此外电解液有腐蚀性，对设备及夹具需采取防护措施，对电解产物也需要妥善处理，避免污染环境。

电解加工在兵器、航空、航天、汽车、拖拉机、农机及模具等机械制造行业中已广泛应用，如用于加工枪炮的膛线、喷气发动机叶片、汽轮机叶片、花键孔、深孔、内齿轮、拉丝模及各种金属模具的型腔等，此外还可用来进行电解抛光、电解倒棱、去毛刺等。

四、激光加工

激光与其他光源相比具有很好的相干性、单色性和方向性，通过光学系统可以使它聚焦成一个极小的光斑（直径仅几微米到几十微米），从而获得极高的能量密度。当能量密度极高的激光束照射在被加工表面上时，光能被加工面吸收，并转换成热能，使照射斑点的局部区域材料在千分之几秒甚至更短的时间内迅速被熔化甚至汽化，从而达到材料去除的目的。为了帮助去除物的排除，还需对加工区吹气或吸气，吹氧或吹保护性气体等。

激光加工的基本设备包括激光器、电源、光学系统及机械系统等四部分。其中，激光器是最主要的器件。激光器按照所用的工作物质种类可分为固体激光器、气体激光器、液体激光器和半导体激光器。激光加工中广泛应用固体激光器和气体激光器。

固体激光器具有输出能量较大，峰值功率高，结构紧凑，牢固耐用，噪声小等优点，因而应用较广，如切割、打孔、焊接、刻线等。随着激光技术的发展，固体激光器的输出能量逐步增大，目前单根 YAG 晶体棒的连续输出能量已达数百瓦，几根棒串联起来可达数千瓦。但固体激光器的能量效率都很低，红宝石激光器为 0.1%~0.3%，钛玻璃激光器为 1%，YAG 激光器为 1%~2%。

CO_2 激光器能量效率高（可达 20%~25%），其工作物质 CO_2 来源丰富，结构简单，造价低廉，且输出功率大，从数瓦到数万瓦，既能连续工作又能脉冲工作。所输出的激光为波长 10.6/μm 的红外光，是 YAG 激光器波长的 10 倍，对眼睛的危害比 YAG 激光小。其缺点是体积大，输出的瞬时功率不高，噪声较大。现已广泛用于金属热处理、钢板切割、焊接、金属表面合金化、难加工材料的加工等方面。

激光加工具有以下几个特点。

（1）不需要加工工具，故不存在工具磨损问题，这对高度自动化生产系统非常有利，国外已在柔性制造系统中采用激光加工机床。

（2）激光束的功率密度很高，几乎对任何难加工材料（金属和非金属）都可以加工。

（3）激光加工是非接触加工，加工中的热变形、热影响区都很小，适用于微细加工。

（4）通用性强，同一台激光加工装置可作多种加工用，如打孔、切割、焊接等都可以在同一台机床上进行。这一新兴的加工技术正在改变着过去的生产方式，使生产效率大大提高。随着激光技术与电子计算机数控技术的密切结合，激光加工技术的应用将会得到更快、更广泛的发展，将在生产加工技术中占有越来越重要的地位。

当前激光加工存在的问题是：设备价格高，一次性投资大，更大功率的激光器尚在试验研究阶段，不论是激光器本身的性能质量，还是使用者的操作技术水平都有待进一步地提高。

五、电子束与离子束加工

电子束加工和离子束加工是利用高能粒子束进行精密微细加工的先进技术，尤其在微电子学领域内已成为半导体（特别是超大规模集成电路制作）加工的重要工艺手段。电子束加工主要用于打孔、切槽、焊接及电子束光刻；离子束加工则主要用于离子刻蚀、离子镀膜、离子注入等。目前的纳米加工技术（能实现原子、分子为加工单位的超微细加工）就是采用这种高能粒子束的加工技术。

（一）电子束加工

1. 电子束加工原理和特点

（1）电子束加工原理。在真空条件下，利用聚焦后能量密度极高的电子束，以极高的速度冲击到工件表面极小的面积上，在极短的时间（几分之一微秒）内，其能量的大部分转变为热能，使被冲击部分的工件材料达到几千摄氏度及以上的高温，从而引起材料的局部熔化和气化，被真空系统抽走，达到加工目的。

（2）电子束加工的特点。

其一，由于在极小的面积上具有高能量，故可加工微孔、窄缝等，其生产率比电火花加工高数十倍至数百倍。此外，还可利用电子束焊接高熔点金属和用其他方法难以焊接的金属，以及用电子束炉生产高熔点、高质量的合金及金属。

其二，加工中电子束的压力很微小，主要是靠瞬时蒸发，所以工件产生的应力及应变均甚小。

其三，电子束加工是在真空度为 1.33×10^{-4}~1.33×10^{-2}Pa 的真空加工室中进行的，加工表面无杂质渗入，不氧化，加工材料范围广泛，特别适宜加工易氧化的金属和合金材料以及纯度要求高的半导体材料。

其四，电子束的强度和位置比较容易用电、磁的方法实现控制，加工过程易实现自动化，可进行程序控制和仿形加工。

电子束加工也有一定的局限性，一般只用于加工微孔、窄件及微小的异形表面，而且因为它需要有真空设施及数万伏的高压系统，设备较贵。

2. 电子束加工装置

电子束加工装置的基本结构由电子枪、真空系统、控制系统和电源等部分组成。

（1）电子枪。它是获得电子束的核心部件。由电子发射阴极、控制栅极和加速阳极等组成。发射阴极用钨或铝制成，在加热状态下可发射大量电子。控制栅极为一中间有孔的圆筒件，其上加以较阴极为负的偏压，既能控制电子束的强度，又具有初步聚焦作用。加速阳极通常接地，为了使电子流得到更大的加速运动，常在阴极上施加很高的负电压。

（2）真空系统。只有在高真空室内才能实现电子的高速运动，防止发射阴极及工件表面被氧化，需要真空系统保证电子束加工系统的高真空度要求。

（3）控制系统。其主要作用是控制出子束聚焦直径、束流强度、束流位置和工作台位置。电子束经过聚焦成为很细的束斑，它决定着加工点的孔径或缝宽大小。聚焦方法有利用高压静电场聚焦和“电磁透镜”聚焦两种方法。束流位置控制可采用磁偏转和静电偏转，但偏转距离只能在数毫米范围内，所以在加工大面积工件时，还需要控制工作台精密位移与电子束偏转运动相配合来实现加工位置控制。

（二）离子束加工

1. 离子束加工原理

离子束加工原理与电子束加工类似，也是在真空条件下，把氧（Ar）、氦（Kr）、氙（Xe）等惰性气体，通过离子源产生离子束并经过加速、集束、聚焦后，投射到工件表面的加工部位，以实现去除加工。所不同的是离子的质量比电子的质量大千倍甚至万倍，例如最小的氢离子，其质量是电子质量的 1840 倍，量离子的质量是电子质量的 7.2 万倍。由于离子的质量大，故离子束加速轰击工件表面，能比电子束产生更大的能量。

高速电子撞击工件材料时，因电子质量小、速度大，动能几乎全部转化为热能，使工件材料局部熔化、汽化，通过热效应进行加工。而离子本身质量较大，速度较低，撞击工件材料时，将引起变形、分离、破坏等机械作用。例如加速到几十电子伏到几千电子伏时，主要是用于离子溅射加工；如果加速到一万到几万电子伏，且离子入射方向与被加工表面成 25°~30° 角时，则离子可将工件表面的原子或分子撞击出去，以实现离子铣削、离子蚀刻或离子抛光等；当加速到几十万电子伏或更高时，离子可穿入被加工材料内部，称为离子法人。产生离子束的方法是将要电离的气态元素注入电离室，利用电弧放电或电子轰击等方法，使气态原子电离为等离子体（正离子数和负离子数相等的混合体）。用一个相对于等离子体为负电位的电极（吸极），从等离子体中吸出离子束流，再通过磁场作用或聚焦，形成密度很高的离子束去袭击工件表面。

2. 离子束加工的特点

（1）易于精确控制。由于离子束可以通过离子光学系统进行扫描，使微离子束可以聚焦到光斑直径 Wm 以内进行加工，同时离子束流密度和离子的能量可以精确控制，因此能精确控制加工效果，如控制注入深度和浓度。抛光时可以一层层地把工件表面的原子清除，从而加工出没有缺陷的光整表面。此外，借助于掩膜技术可以在半导体上刻出 1km 宽的沟槽。

（2）加工所产生的污染少。离子束加工是在较高的真空中进行，离子的纯度比较高，因此特别适于加工易氧化的金属、合金和半导体材料等。

（3）加工应力变形小。离子束加工是靠离子撞击工件表面的原子实现的，这是一种微观作用，宏观作用很小，所以对脆性、半导体、高分子等材料都可以加工。

六、超声加工

超声加工是利用工具端而做超声振动，通过磨料悬浮液加工脆硬材料的一种成型方法。加工原理：加工时，在工件 1 和工件 2 之间加入液体（水或煤油等）和磨料混合的悬浮液，并使工具以很小的力下轻轻压在工件上。超声换能器 6 产生 16000Hz 以上的超声频纵向振动，并借助变幅杆可把振幅放大到 0.05~0.1mm，驱动工具端面做超声振动，迫使工作液中悬浮的磨粒以很大的速度和加速度不断地撞击、抛磨被加工表面，把被加工表面的材料粉碎成很细的微粒，从工件上打击下来。虽然每次打击下来的材料很少，但由于每秒钟打击的次数多达 16000 次以上，所以仍有一定的加工速度。与此同时，工作液受工具端面超声振动作用而产生的高频、交变的液压正负冲击波产生的“空化”作用，促使工作液钻入被加工材料的微裂纹处，加剧了机械破坏作用。所谓空化作用，是指当工具端面以很大的加速度离开工件表面时，加工间隙内形成负压和局部真空，在工作液体内形成很多微空腔，当工具端面以很大的加速度接近工件表面时，空泡闭合，引起极强的液压冲击波，可以强化加工过程。此外，正负交变的液压冲击也使磨料悬浮工作液在加工间隙中强迫循环，使变钝了的磨粒及时得到更新。

超声加工具有以下特点：

（1）适合于加工各种脆硬材料，特别是不导电的非金属材料，例如玻璃、陶瓷（氧化铝、氮化硅等）、石英、铬、硅、玛瑙、宝石、金刚石等。对于导电的硬质金属材料，如淬火钢、硬质合金等，也能进行加工，但加工生产率较低。

（2）由于工具可用较软的材料，做成较复杂的形状，故不需要使工具和工件做比较复杂的相对运动，因此超声加工机床的结构比较简单，只需一个方向轻压进给，操作和维修方便。

（3）由于去除加工材料是靠微小磨料瞬时局部的撞击作用，故工件表面的宏观切削力很小，切削应力、切削热很小，不会引起变形及烧伤，表面粗糙度精度也较高，可达 -0.1krn，加工精度可达 0.01~0.02mm，而且可以加工薄壁、窄缝、低刚度零件。

七、水射流切割

水射流切割又称液体喷射加工，是利用高压高速水流对工件的冲击作用来去除材料的，有时简称水切割。采用水或带有添加剂的水，以 500~900m / s 的高速冲击工件进行加工或切割，水经水泵后通过增压器增压，储液蓄能器使脉动的液流平稳。水从孔径为 0.1~0.5mm 的人造蓝宝石喷嘴喷出，直接压射在工件加工部位上。加工深度取决于液压喷射的速度、压力以及压射距离。被水流冲刷下来的“切屑”随着液流排出，入口处束流的功率密度可达 106W/mm^2。

水射流切割可以加工较薄、较软的金属和非金属材料，如铜、铝、铅、期料、木材、橡胶、纸等材料和制品。水射流切割可以代替硬质合金切槽刀具，而且切口的质量很好。所加工的材料厚度少则几毫米，多则几百毫米，汽车工业中用水射流来切割石棉制动片、橡胶基地毯、复合材料板、玻璃纤维增强塑料等。航天工业用以切割高级复合材料、蜂窝状层板、钛合金元件和印制电路板等。

第二节　快速成型技术

快速成型制造技术，又称“快速原型制造”“增材制造”“三维打印”，是一种基于离散和堆积原理的崭新制造技术，它将零件的 CAD 模型按一定方式离散成可加工的离散面、离散线和离散点，而后采用物理或化学手段，将这些离散的面、线段和点堆积而形成零件的整体形状。RpM 技术集材料科学、信息科学、控制技术、能量光电子等技术于一体，是进行快速产品开发和制造的一种重要技术，主要技术特征是成型的快捷性，被认为是近 20 年制造技术领域的一次重大突破，其对制造业的影响与数控技术相比，是目前制造业信息化最直接的体现，是实现信息化制造的典型代表。

各种快速成型技术的过程都包括 CAD 模型建立、前处理、原型制作和后处理四个步骤。在众多的快速成型工艺中，具有代表性的工艺是：光敏树脂液相固化成型、选择性激光粉末烧结成型、薄片分层叠加成型、熔丝堆积成型等，下面分别介绍这些典型工艺的原理及特点。

一、光敏树脂液相固化成型

光敏树脂液相固化成型是基于液态光敏树脂的光聚合原理工作的。这种液态材料在一定波长和功率的紫外激光的照射下能迅速发生光聚合反应，分子量急剧增大，材料也就从液态转变成固态。液槽中盛满液态光敏树脂，激光束在偏转镜作用下，在液体表面上扫描，扫描的轨迹及激光的有无均由计算机控制，光点扫描到的地方，液体就固化。成型开始时，工作平台在液面下一个确定的深度，液面始终处于激光的华点平面内，聚焦后的光斑在液面上按计算机的指令逐点扫描即逐点固化。当一层扫描完成后，未被照射的地方仍是液态树脂。然后升降台带动平台下降一层高度（约 0.1mm），已成型的层面上又布满一层液态树脂，刮平器将黏度较大的树脂液面刮平，然后再进行下一层的扫描，新固化的一层牢固地粘在前一层上，如此反复，直到整个零件制造完毕，得到一个三维实体原型。

光敏树脂液相固化成型的主要特点如下：

（1）制造精度高（±0.1mm）、表面质量好、原材料利用率接近 100%。

（2）能制造形状特别复杂（如腔体等）及特别精细（如首饰、工艺品等）的零件（尤其适合壳体形零件制造）。

（3）必须制作支撑，材料固化中伴随一定的收缩导致零件变形。此外，光固化树脂有一定毒性。

光敏树脂液相固化成型的应用有很多方面，可直接制作各种树脂功能件，用作结构验证和功能测试；可制作比较精细和复杂的零件；可制造出有透明效果的制件；制造出来的原型件可快速翻制各种模具，如硅橡胶模、金属冷喷模、陶瓷模、合金模、电铸模、环氧树脂模和气化模等。光敏树脂液相固化成型是目前世界上研究最深入、技术最成熟、应用最广泛的快速成型制造方法。

二、选择性激光粉末烧结成型

选择性激光粉末烧结成型是利用粉末材料（金属粉末或非金属粉末）在激光照射下烧结的原理，在计算机控制下层层堆积成型。此方法采用 CO_2 激光器做能源，目前使用的造型材料多为各种粉末材料。在工作台上均匀铺上一层很薄（0.1~0.2mm）的粉末，激光束在计算机控制下按照零件分层轮廓有选择地进行烧结，一层完成后再进行下一层烧结。全部烧结完后去掉多余的粉末，再进行打磨、烘干等处理便获得零件。

选择性激光粉末烧结成型的主要特点如下：

（1）不需要制作支撑，成型零件的力学性能好，强度高，因为没有被烧结的粉末起到了支撑的作用，因此可以烧结制造空心、多层镂空的复杂零件。

（2）粉末较松散，烧结后精度不高，z 轴精度难以控制。

（3）SLS 材料适应面广，不仅能制造照料零件，还能制造陶瓷、石蜡等材料的零件。

特别是可以直接制造金属零件，这使 SLS 工艺颇具吸引力。

SLS激光粉末烧结的应用范围与SL类似，可直接制作各种高分子粉末材料的功能件，用作结构验证和功能测试，并可用于装配样机。制件可直接做精密铸造用的蜡模和砂型、型芯；制作出来的原型件可快速翻制各种模具，如硅橡胶模、金属冷喷模、陶瓷模、合金模、电铸模、环氧树脂模和气化模等。

三、薄片分层叠加成型

薄片分层叠加成型采用薄片材料（如纸、塑料薄膜等），片材表面事先涂覆上一层热熔胶。在成型过程中首先在基板上铺上一层薄片材料（如箔纸），再用一定功率的 CO_2 激光器在计算机控制下按分层信息切出轮廓，同时将非零件的多余部分按一定网络形状切成碎片去除掉。加工完上一层后，重新铺上一层箔材，用热轻碾压加热，使新铺上的一层箔材在黏合剂作用下黏接在已成型体上，再用激光器切割该层的形状。重复上述过程，直到加工完毕。最后去除掉切碎的多余部分即可得到完整的原形零件。

薄片分层横加成型的主要特点如下：

（1）不需要制作支撑；激光只做轮廓扫描，而不需填充扫描，成型效率高；运行成本低；成型过程中无相变且残余应力小，适合于加工大尺寸的零件。

（2）材料利用率较低，表面质量较差。

薄片分层检加快速成型由于其成型材料纸张较便宜，运行成本和设备投资较低，故获得了一定的应用，可以用来制作汽车发动机曲轴、连杆、各类箱体、盖板等零部件的原形样件。

四、熔丝堆积成型

熔丝堆积成型是利用热塑性材料的热熔性、黏接性，在计算机控制下层层堆积成型。FDM 工作原理，材料先抽成丝状，通过送丝机构送进喷头，在喷头内被加热熔化，喷头沿零件截面轮廓和填充轨迹运动，同时将熔化的材料挤出，材料迅速固化，并与周围的材料黏结，层层堆积成型。

熔丝堆积成型的主要特点如下：

（1）成型零件的力学性能好，强度高；成型材料的来源广，成本低，可采用多个喷头同时工作。

（2）不用激光器，而是由熔丝喷头喷出加热熔融的材料，因此使用维护简单，成本低。

（3）原材料利用率较高，用蜡成型的零件原型，可直接用于失蜡铸造。

（4）成型精度不高，不适合制作复杂精细结构的零件，主要用于产品的设计测试与评价。

第三节　制造自动化技术

制造自动化是制造业发展的重要标志。从早期的刚性自动化，发展到以计算机控制为基础的柔性自动化，其涉及的基础单元技术、系统集成技术及相关装备都有了长足的发展。制造自动化的内涵，主要包括制造技术的自动化和制造系统的自动化两个方面。本节从制造自动化技术和柔性制造系统两个方面，分别介绍其计算机辅助制造、计算机数字控制技术、工业机器人技术、柔性制造系统等内容。

一、制造自动化技术

（一）制造自动化技术的概念及发展

早期的自动化（automaton）概念是美国通用汽车公司的 DS.Harder 于 1936 年提出的，其核心是指零件在机器之间实现自动传输，目标就是代替人的体力劳动。制造自动化的概念是一个动态发展过程，随着计算机技术和信息技术的发展，自动化的概念已扩展为不仅可以代替人的体力劳动，而且还可以代替或辅助部分脑力劳动。

制造自动化技术的含义，在“狭义制造”概念下，是指产品的机械加工、装配及检验过程的自动化，包括工件加工、装卸、储运、装配、清洗及检验等过程的自动化。而在“广义制造”概念下，制造自动化技术则包含了产品设计、生产管理、加工过程和质量控制等产品制造全过程以及各个环节综合集成自动化，以使产品制造过程实现高效、优质、低耗、及时、洁净的目标。

制造自动化技术的发展经历了刚性自动化、柔性自动化和综合自动化三个阶段。刚性自动化阶段：以自动机床、组合机床以及组合机床自动线的出现为标志，解决单一品种、大批量生产自动化问题。柔性自动化阶段：以数控技术、柔性制造单元、柔性制造系统等的出现为代表，主要满足多品种、小批量甚至单件生产自动化的需要。综合自动化阶段：以计算机为中心的综合自动化，如计算机集成制造系统、并行工程、精益生产、敏捷制造等生产模式，得到了发展和应用。

伴随着科学技术的不断进步，制造自动化技术正朝着敏捷化、网络化、虚拟化、智能化、全球化、绿色化的方向发展。

（二）制造自动化的主要技术

制造自动化技术主要包括计算机辅助制造、机床数控技术、工业机器人技术、柔性制造技术等。

1. 计算机辅助制造（CAM）

计算机辅助制造，通常是指利用计算机完成从毛坯到产品制造过程中的直接和间接的制造工作。它包括计算机辅助工艺规程设计、计算机辅助工装设计与制造、计算机辅助数控编程、生产计划制订、工时定额计算、资源需求计划编制等内容。它还可以包括质量控制以及加工、装配、检验、存贮、输送等与物流有关过程的运行控制。狭义的 CAM 则是指工艺准备或其中的某个活动应用计算机辅助工作。

CAM 的应用可分为直接应用和间接应用。

（1）CAM 直接应用。计算机通过接口直接与制造系统连接并对该系统进行监视和控制。对制造系统进行监视的称为计算机过程监视系统。在该监视系统中，计算机通过接口直接监视制造系统的运行情况，并采集数据，但不直接参与控制，如加工尺寸的计算机数字显示系统就属于此类。而对制造系统进行控制的称为计算机过程控制系统。计算机过程控制系统不仅对制造系统的运行进行监视，而且还对其实施控制，如数控机床上的计算机数字控制就属于此类。

（2）CAM 间接应用。计算机并不直接与制造系统连接，而是离线工作，只是利用计算机对制造过程进行支持。它只是用来提供制造过程和生产作业所需要的数据和信息，以便使生产资源的管理更有效。如计算机辅助数控编程、计算机辅助作业计划编制、计算机辅助工装设计制造等均属于 CAM 间接应用。

2. 机床数控技术

数字控制技术是指用数字化信号对设备运行及其加工过程进行控制的一种自动化技术。采用了数控技术控制或者是装备了数控系统的机床，称为数控机床。数控机床的加工工艺与普通机床相似，其根本区别在实现自动控制的原理与方法上。数控机床是用数字化信息、通过可编程序来实现自动控制方式的。

3. 工业机器人技术

所谓“机器人”就是一种模仿人的自动化装置，它能完成通常由人才能完成的工作。机器人可广泛应用于各种不同的领域，当在工业领域内应用时，通常称为工业机器人。我国国家标准 GB/T 12643—1997 将工业机器人定义为“是一种能够自动控制、可重复编程、多功能、多自由度的操作机，能够搬运材料、工件或操持工具，用于完成各种作业，将操作机定义为“具有和人手臂相似的动作功能，可在空间抓放物体或进行其他操作的机械装置”。机器人和机械手的主要区别是：机械手无自主能力，不能重复编程，只可完成定位点不变的重复动作；机器人是由计算机控制的，可重复编程，能够完成任意定位的复杂运动。

二、柔性制造系统

（一）柔性制造系统的基本概念

（1）柔性制造系统（FMS）的定义。柔性制造系统就是由计算机控制的、以数控机床设备为基础和以物料储运系统连成的、能形成没有固定加工顺序和节拍的自动加工制造系统。

（2）FMS 的特征。柔性制造系统具有以下特点：柔性高，适应多品种中小批量生产；系统内的机床在工艺能力上相互补充或相互替代；可混流加工不同的零件；局部调整或维修不中断整个系统的运作；递阶结构的计算机控制；可进行三班无人值守生产等特征。

FMS 的柔性，一般是指设备、工艺、产品、工序、运行、批量和扩展等所具有的柔性。设备柔性，即适应加工对象变化的能力工艺柔性，指能够同时加工零件品种数；产品柔性，指产品变更时系统转换所需要的时间；工序柔性，指改变零件先后加工顺序的能力；运行柔性，指处理局部故障并维持原定生产的能力；批量柔性，指在成本核算上能适应不同批量的能力；扩展柔性，指可根据生产需要增加或减少的能力。

（二）柔性制造系统的分类

（1）柔性制造单元（FMC）。由 1~2 台数控机床或加工中心，并配备有某种形式的托盘交换装置、机械手或工业机器人等夹具、工件的搬运装置组成，由计算机进行实时控制和管理。特别适合于多品种、小批量零件的加工。

（2）柔性制造系统（FMS）。柔性制造系统由两个以上柔性制造单元或多台加工中心组成，并用物料储运系统和刀具系统将机床连接起来，工件被装夹在随行夹具和托盘上，自动地按加工顺序在机床间逐个输送。其适于多品种、小批量或中批量复杂零件的加工。

（3）柔性生产线（FML）。零件批量较大而品种较少的情况下，柔性制造系统的机床可以完全按照工件加工顺序而排列成生产线的形式，这种生产线与传统的刚性向动生产线的不同之处在于能同时或依次加工少量不同的零件，当零件更换时，其生产节拍可做相应的调整，各机床的主轴箱也可自行进行更换。

（4）工厂自动化（FA）。在一定数量柔性制造系统的基础上，用高一级计算机把它们联结起来，对全部生产过程进行调度管理，加上立体仓库和丁，用机器人进行装配，就组成了生产的无人化工厂。

（三）柔性制造系统的组成

从 FMS 的定义可以看出，FMS 主要由加工系统（数控加工设备，一般是加工中心）、物料运储系统（工件和刀具运输和存储）以及计算机控制系统（中央计算机及其网络）

组成。

（1）加工系统。由若干台加工零件的 CNC 机床，与夹具、托盘和自动上下料机构等机床附件，共同构成了 FMS 的加工系统。加工系统用于将工件毛坯转变为最后产品，其功能就是直接实现对零件的切削与成型。

按加工工件类别来分，加工系统的主要类型包括如下内容：

①箱体加工 FMS。以加工箱体类零件为主，这类 FMS 配备有数控镗铣加工中心和 CNC 机床。

②同转体 FMS。以加工回转体类零件为主，这类 FMS 配备有数控车削中心和 CNC 车床或 CNC 磨床。

③混合加工 FMS。适于混合零件加工，既能够加工箱体类零件，又可以加工回转体类零件的 FMS，它们既配备有数控镗铣加工中心，又配备有数控车削中心或 CNC 车床。

加工系统中加工设备的性能，决定了其加工能力。加工设备的功率、尺寸范围及精度等级，依据所加工的零件组尺寸及精度要求选取。

加工系统中机床的配置常采用三种形式：互换式机床配置，机床并联，功能互替，工件随机；互补式配置，机床串联，功能互补，工件顺序；混合式配置，互换与互补混合。

加工系统的辅助装置主要包括组合夹具（或柔性夹具）、托盘、托盘交换器及自动上下料装置（装卸机器人）。

另外，考虑到与物料输送系统的集成，加工系统宜采用具有托盘装置的机床。从控制角度看，机床与外部环境的通信能力，即信息交换的种类、数量以及通信接口支持的网络标准也是 FMS 中机床的重要特性之一。

（2）物流系统。FMS 中的物料流动简称物流。物料主要是指工件和刀具。物流系统主要由物料输送装置、工件装卸站、托盘缓冲站和自动化仓库组成。

物流系统主要完成物料的输送和存储。物料输送包括物料在系统与外界之间的交换以及物料在系统内部的传输，在一般情况下，前者需要人工干预，即物料的送入和装夹都是人工操作，而后者可以在计算机的统一管理和控制下自动完成。

在 FMS 中，需要经常将工件装夹在托盘（或随行夹具）上进行输送和搬运。通过物料输送系统可以实现工件在机床之间、加工单元之间、自动仓库与机床或加工单元之间以及托盘存放站与机床之间的输送和搬运。有时还负责刀具和夹具的运输。由于 FMS 中的物料输送系统可以进行随机调度，即可以不按固定节拍运送工件，工件的传输也没有固定的顺序，甚至是几种零件混杂在一起输送。

物料输送系统所用的运输工具为传输带、自动运输小车和搬运机器人等。工件的存储包括物品在仓库中的保管和生产过程中在制品的临时性停放。这就要求 FMS 在物料系统中设置适当的中央料库和托盘库以及各种形式的缓冲储区，以保证系统的柔性。

中央料库和托盘库常用自动化立体仓库。该仓库由高层货架、堆垛起重机、控制计算机、状态检测器、条形码扫描器组成，由计算机统一控制和管理。在该系统中，堆垛起重机将根据主计算机的控制指令动作，主计算机与各物料搬运装置的计算机联机并负责进行数据处理和物料管理工作。自动化立体仓库不仅解决了FMS中仓库不能占地面积过大的难题，而且实现了出入库作业的自动化，并增强了对库存信息的处理、反馈能力。

（3）计算机控制系统。系统的主要控制功能，是通过主控计算机或分布式计算机系统来实现的。计算机控制系统通常采用三级分布式体系结构。第一级为设备层，主要是对机床和工件装卸机器人的控制，包括对各种加工作业的控制和监测；第二级是工作站层，它包括对整个系统运转的管理、零件流动的控制、零件程序的分配以及对第一级生产数据的收集；第三级为单元层，主要编制日程进度计划，把生产所需的信息如加工零件信息、刀夹具信息等送到第二级系统管理计算机。FMS中的单元级控制系统，即单元控制器是FMS控制系统的核心，也是实现FMS柔性的主要组成部分。

除了上述三个主要组成部分之外，FMS还包括冷却系统、刀具监视和管理系统、切屑排除系统以及零件的自动清洗和自动测量设备等附属系统。

（四）柔性制造系统的工作原理

各个制造单元沿着一个中央物料输送系统（如传输带、向动输送小车等）来分布，而传输带上可以传送许多不同的工件和零件。当一个工件在传输带上靠近所要到达的制造单元时，相应的机器人将其拾取，并将它安装在制造单元的某台CNC机床上进行加工。加工完成后，机器人会将加工后的工件从机床上卸下并送回到输送带上，如需要继续加工，传送带会将它传送到下一个制造单元处，依次直至全部加工完毕后，工件会在规定路径的终点卸下，进入自动检验站，合格后该工件离开FMS。各个制造单元之间的协调以及工件在传输带上的流程均由中央计算机统一管理和控制。

FMS的优势是：机床利用率高、系统柔性大、辅助时间短，有利于提高产品的市场响应能力。FMS有利于提高产品质量，同时降低了劳动强度、改善了生产环境，能获得良好的社会效益。

第四节　先进制造生产模式

一、计算机集成制造

计算机集成制造的概念，最早于1974年由美国约瑟夫·哈林顿博士提出来的，其基本思想包括两个观点：

（1）企业生产活动是一个不可分割的整体，其各个环节彼此紧密关联；

（2）就其本质而言，整个生产活动是一个数据采集、传递和加工处理的过程，最终形成的产品可以视为信息的物质表现。

从集成的角度来看，计算机集成制造概念可以理解为，CIM 是一种组织、管理企业生产的新哲理，它借助计算机软硬件，综合应用现代化管理技术、制造技术、信息技术、自动化技术、系统技术，将企业生产全部过程中有关人、技术、经营管理三要素及其信息流和物料流有机地集成并优化运行，以实现产品高质、低耗、上市快、服务好，从而使企业赢得市场竞争。

计算机集成制造系统是基于 CIM 思想而组成的系统。如果说 CIM 是组织现代化企业的一种哲理，而 CIMS 则应理解为一种工程技术系统，是 CIM 的具体实现。CIMS 是通过计算机软硬件，并综合应用现代管理技术、制造技术、信息技术、自动化技术、系统工程技术，将与企业全部生产过程中有关的人、技术和经营管理三要素及其信息流与物料流有机集成并优化运行的复杂的大系统。

CIMS 的核心在于集成，包括企业各种经营活动的集成、企业各个生产系统与环节的集成、各种生产技术的集成、企业部门组织间的集成和各类人员之间的集成。从集成角度，可以将 CIMS 分为信息集成、过程集成和企业集成三个阶段。

（1）CIMS 的组成及其功能。从系统的功能角度考虑，一般认为 CIMS 可由管理信息系统、工程设计自动化系统、制造自动化系统和制造保证信息系统四个功能分系统以及计算机网络和数据库两个支撑分系统组成。然而，这并不意味着任何一个企业在实施 CIMS 时都必须同时实现这六个分系统。由于每个企业原有的基础不同，各自所处的环境不同，因此应根据企业的具体需求和条件，在 CIMS 思想指导下进行局部实施或分步实施。

（2）CIMS 面向功能构成的系统结构。按照系统功能原理，作为大型复杂系统的 CIMS，可以分解成不同的分系统，而分系统又可分解为更小的子系统。CIMS 结构要求有合理的水平分解与集成，不应有冗余的分系统和子系统，其功能的冗余要尽可能少。

（3）CIMS 面向控制的系统结构。CIMS 是一个复杂的大系统，通常采用递阶控制体系结构。所谓递阶控制即为将一个复杂的控制系统按照其功能分解成若干层次，各层次进行独立控制处理，完成各自的功能。层与层之间保持信息交换，上层对下层发出命令，下层向上层回送命令执行结果，通过信息联系构成完整的系统。这种控制模式减少了全局控制的难度以及系统开发的难度，已成为当今复杂系统的主流控制模式。

根据制造企业多级管理的结构层次，美国国家标准技术研究所所属的 AMRF 将 CIMS 分为五层递阶控制结构，即工厂层、车间层、单元层、工作站层和设备层。在这种递阶控制结构中，各层分别由独立的计算机进行控制处理，功能单一，易于实现，其层次越高，控制功能越强，计算机处理的任务越多；而层次越低，则实时处理要求越高，控制回路内部的信息流速度越快。

工厂层是企业最高的决策层，具有市场预测、制订长期生产计划、确定生产资源需求、制订资源计划、产品开发以及工艺过程规划的功能，同时还应具有成本核算、库存统计、用户订单处理等厂级经营管理的功能。工厂层的规划周期一般从几个月到几年时间。

车间层是根据工厂层的生产计划协调车间作业和辅助性工作以及资源配置，包括从设计部门的CAD/CAM系统中接收产品物料清单，从CAPP系统中接收工艺过程数据，并根据工厂层的生产计划和物料需求计划进行车间内各单元的作业管理和资源分配。其中作业管理包括作业订单的制订、发放和管理，安排加工设备、刀具、夹具、机器人、物料运输设备的预防性维修等工作；而资源分配是负责各单元进行各项具体加工时所需的工作站、存储站、托盘、刀具、夹具及材料。车间层的规划周期一般为几周到几个月。

单元层主要负责加工零件的作业调度，包括零件在各工作站的作业顺序、作业指令的发放和管理、协调工作站间的物料运输、进行机床和操作者的任务分配及调整。并将实际的质量数据与零件的技术规范进行比较，将实际的运行状态与允许的状态条件进行比较，以便在必要时采取措施以保证生产过程的正常进行。单元层的规划时间为几小时到几周。

工作站层的任务是负责指挥和协调车间中一个设备小组的活动，它的规划时间是几分钟到几小时。制造系统中工作站可分为加工工作站、检测工作站、刀具管理工作站、物料储运工作站等。加工工作站由机器人、机床、物料运储器和计算机控制系统组成，它主要完成工件调整、零件夹紧、切削加工、加工检测、切屑清除、卸除工件等顺序的控制、协调与监控任务。

设备层包括各种设备（如机床、机器人、坐标测量机、无人小车、传送装置及储存检索系统等）的控制器。

设备层执行上层的控制命令，完成加工、测量、运输等任务。其响应时间从几毫秒到几分钟。

在上述五层的递阶控制结构中，工厂层和车间层主要完成计划方面的任务，确定企业生产什么、需要什么资源，确定企业长期目标和近期的任务；设备层是一个执行层，执行上层的控制命令；而企业生产监督管理任务则由车间层、单元层和工作站层完成，这里的车间层兼有计划和监督管理的双重功能。

二、并行工程

（一）并行工程的含义

并行工程是一种对产品及其相关过程（包括设计、制造过程和相关的支持过程）进行并行的、集成的、一体化设计的系统化工作模式。

传统制造业的工作方式是：市场调研—产品计划—产品设计—试制样机—修改设计—工艺准备—正式投产，即串行方式。这种开发模式的缺陷是设计阶段无法预见或考虑后续制造过程可能出现的问题，导致设计与制造脱节，一旦制造过程出现问题，则与设计有关的环节就得修改，且后续阶段与之相关的环节都得随之重新设计变更。这使得产品开发过程呈现为“设计、加工、测试、修改设计”大循环。虽然产品设计通过重复这一过程趋于完善，最终能满足用户要求，但这种方法易造成设计改动量大、产品开发周期长，使产品成本增加，串行工作方式使产品开发周期长，新产品难以很快上市。

与传统的串行设计相比，并行设计更强调在产品开发的初级阶段，要求产品的设计开发者从一开始就要考虑产品整个生命周期（从产品的规划、研发、制造、装配、检验、销售、使用、维修到产品的报废为止）的所有环节，建立产品寿命周期中各个阶段性能的继承和约束关系及产品各个方面属性间的关系，以追求产品在全生命周期过程中其性能最优。通过产品每个功能设计小组，使设计更加协调，使产品性能更加完善，从而更好地满足客户对产品综合性能的要求，并减少开发过程中产品的反复，进而提高产品的质量、缩短开发周期并大大降低产品的成本。

（二）并行工程的运行模式

并行工程是一种原理、一种系统工程方法，也是一种工作模式。

明确将其目标放在缩短周期（包括新产品开发和用户定制产品的生产）、提高产品质量、降低成本、服务优质等方面。

并行工程的组织形式是由各个专业、各个部门的人员联合组成的项目组，解决技术设计、工艺设计、加工制造等过程中的需求和难题，并对产品的性能和有关过程进行计算机仿真、分析和评估，提出改进意见，以取得最优结果。

并行设计作为现代设计理论及方法的范畴，目前已形成的并行设计方法基本上可以分为两大类。

（1）基于人员协同和集成的并行化，其方法就是组成与产品方面有关的专门化的、综合性的设计团队。这要求团队成员必须是跨领域的、善于理解他人观点的、能协同的工程技术人员。而随着产品本身日趋复杂，覆盖的知识面就更广，这对设计团队协调工作的要求就更高。

（2）基于信息、知识协同和集成的并行化，是基于计算机网络来实现的，即产品设计人员通过计算机网络对产品进行设计，并进行可制造性、经济性、可靠性、可装配性等内容的分析，来及时地反馈信息，并按要求修改各零部件的设计模型，直至整个机电产品完成为止。另外要实现产品信息、知识协同和集成的并行化，还包括面向对象（CAX）设计技术、产品信息集成（PDM）技术以及与人员协同集成有关的信息技术。

这两种产品并行设计方法并不是相互独立的，在实际应用过程中，它们往往是紧密结合在一起的，通过采用这样的方式来全面实现企业及企业间的并行工程。

并行工程是一个关于设计过程的方法，它需要在设计中全面地考虑到相关过程的各种问题，但并非包括制造过程等其他过程。它要求所有设计工作要在生产开始前完成，并不是要求在设计产品的同时就进行生产。

并行工程不是指同时或交错地完成设计和生产任务，而是指对产品及其下游过程进行并行设计，不能随意消除一个完整工程过程中现存的、顺序的、向前传递信息的任一必要阶段。

并行工程是对设计过程的集成，是企业集成的一个侧面，它企图做到的是优化设计，依靠集成各学科专业人员的智慧做到设计一次成功。

（三）并行工程的特点

并行工程主要有以下四个特点：

（1）设计人员的团队化。并行工程十分强调设计人员的团队工作，因为借助于计算机网络的团队工作是并行工程系统正常运转的前提和关键。

（2）设计过程的并行性。并行性有两方面含义：一方面，开发者从设计开始便考虑产品全生命周期；另一方面，产品设计的同时便考虑加工工艺、装配、检测、质量保证、销售、维护等相关过程。

并行设计过程中，产品开发过程各个阶段的工作交叉进行，应及早发现那些与相关过程不匹配的环节，应及时做出评估和决策，力求缩短产品开发周期、提高质量、降低成本。

（3）设计过程的系统性。在并行工程中，设计、制造、管理等过程已不再是分立单元体，而是一个统一体或系统。设计过程不仅仅要出图样和有关设计资料，而且还需进行质量控制、成本核算、产生进度计划表等。

（4）设计过程的快速“短”反馈。为了最大限度地缩短设计时间，及时地将错误消除在“萌芽”阶段，并行工程强调后设计结果及时进行审查并且，要求及时地反馈给设计人员。

三、精益生产

（一）精益生产的历史背景

精益生产源于日本丰田汽车公司的一种生产管理方法。

第二次世界大战后，日本汽车工业刚刚起步，但此时以美国福特制造为代表的大量生产方式占据着世界汽车生产的统治地位。这种大批量、少品种的刚性流水线形式生产出的产品，依靠规模效应带动成本降低，并由此带来价格上的竞争力，对日本汽车工业造成了巨大的冲击。

在美国汽车工业达到发展的巅峰时，日本汽车制造商无法与其进行竞争，而丰田汽车公司成立十几年汽车的总产量甚至不及福特公司一天的产量。日本企业还面临着国内资金严重不足、市场需求不足与技术落后等困难，从而导致在这种生产模式下，日本国内的汽车生产难以形成竞争力。此外，美国式的企业管理，特别是人事管理中，存在着难以被日本企业接受之处。因而，卡车汽车公司在参观美国的几大汽车厂之后，鉴于当时的历史条件，丰田汽车公司认为日本汽车工业的发展不可能也没必要采取大批量生产方式的生产模式。以大野耐一等人为代表的创始者们，根据自身的特点，逐步创立了一种独特的多品种、小批量、高质量和低消耗的生产方式——精益生产。其核心是追求消除包括库存在内的一切浪费，并围绕此目标发展了一系列具体方法，逐步形成了一套独具特色的生产经营管理体系。

20 世纪 50 年代到 70 年代，日本丰田公司从提出精益生产到不断完善，在 80 年代日本已成为世界汽车制造的第一大国。日本汽车工业的成功，精益生产起到了关键作用，并引起欧美国家的关注。1990 年，丰田生产模式第一次被美国人称为“精益生产”。

（二）精益生产的内涵

1. 精益生产的基本概念

精益生产，原意是“瘦型”生产方式。精益生产就是运用多种现代管理方法和手段，以社会需求为依托，以充分发挥人的作用为根本，有效配置和合理使用企业资源，为企业谋求经济效益的一种新型企业生产方式。

精益生产是通过系统结构、人员组织、运行方式和市场供求等方面的变革，使生产系统能很快适应用户需求的不断变化，并能使生产过程中一切无用、多余的东西被精简，最终达到包括市场供销在内的生产的各方面最好的效果。

精益生产方式的资源配置原则，是以彻底消除无效劳动和浪费为目标。精益的“精”就是精干（瘦型），“益”就是效益，合起来就是少投入、多产出，把成果最终落实到经济效益上，追求单位投入产出量。

2. 精益生产方式的思维特点

（1）逆向思维方式。精益生产的思维方式大多是逆向思维、风险思维，很多问题都是倒过来看，也是倒过来干的。例如，与传统将销售作为生产经营的终点不同，精益生产把销售看作起点，根据销售来确定生产什么、生产多少。

（2）逆境中的拼搏精神。精益生产是市场竞争的产物，来源于逆境的拼搏精神。

（3）无止境尽善尽美的追求。在思维方法上，精益生产与以往生产经营目标的根本差别在于追求尽善尽美，其目标是低成本、无废品、零库存和产品多种多样，而且永无止境。

（三）精益生产方式的特征

精益生产集合了单件生产的高柔性和大量生产的高效率等优点，并同时避免了前者的高成本和后者的品种单一僵化的弱点，在内容和应用上具有如下的特征。

（1）以销售部门作为企业生产过程的起点，产品开发与产品生产均以销售为起点，按订货合同组织多品种小批量生产。

（2)产品开发采用并行工程方法和主查制，确保高质量、低成本，缩短产品开发周期，满足用户要求。

（3）在生产制造过程中实行“拉动式”的准时化生产，把上道工序推动下道工序生产变为下道工序要求拉动上道工序生产，杜绝一切超前、超量生产。

（4)以“人”为中心，充分调动人的潜能和积极性，普遍推行多机器操作、多工序管理，并把工人组成作业小组，不仅完成生产任务，而且参与企业管理，从事各种革新活动，提高劳动生产率。

（5）追求无废品、零库存、零故障等目标，降低产品成本，保证产品多样化。

（6）消除一切影响工作的“松弛点”，以最佳工作环境、最佳条件和最佳工作态度从事最佳工作，从而全面追求尽善尽美，适应市场多元化要求，用户需要什么生产什么，需要多少就生产多少，达到以尽可能少的投入获取尽可能多的产出。

（7)把主机厂与协作厂之间存在的单纯买卖关系变成利益共同的“共存共荣”的“血缘关系”，把70%左右零部件的设计、制造委托给协作厂进行，主机厂只完成约30%的设计、制造任务。

（四）精益生产的体系结构

如果将精益生产体系看成一幢大厦，大厦的基础就是在计算机信息网络支持下的群体小组工作方式和并行工程，大厦的支柱就是及时生产、成组技术和全面质量管理，精益生产是大屋的屋顶。三根支柱代表着三个木质方面，缺一不可，它们之间还需相互配合。

（1）及时生产是缩短生产周期，快资金周转和降低生产成本的主要方法，缺了它就谈不上速度，谈不上最小浪费。

（2）成组技术是实现多品种、小批量、低成本、高柔性、按顾客订单组织生产的技术基础，少了它就实现不了灵活生产，就不可能组织混流生产。

（3）全面质量管理是保证产品质量、树立企业形象和达到零缺陷的主要措施，缺了它就等于批量生产产品质量无保证，更谈不上优质和可靠性。

四、敏捷制造

（一）敏捷制造提出的背景

随着全球市场的形成，商品竞争更趋激烈，市场瞬息多变，为了能及时捕捉市场出现的机遇，必须有一个灵活反应的企业生产机制。敏捷制造正是表明要用灵活的应变去应对快速变化的市场需求。

第二次世界大战以后，美国制造业一枝独秀。而后对制造业不再予以重视，并将其列为“夕阳产业”，致使美国经济在20世纪80年代严重衰退；20世纪90年代，美国对制造业的重新认识，力求重振制造竞争力，敏捷制造随之提出。

作为一门新的制造模式，敏捷制造是在1991年由美国众多学者、企业家和政府官员在正确总结和预测经济发展的客观规律的基础上在“21世纪制造企业的战略”报告中提出来的。它适应于产品生命周期越来越短、品种越来越多、批量越来越少，而顾客对产品的交货期、价格、质量和服务的要求却越来越高的市场竞争环境。敏捷制造强调企业之间的合作，快速地利用知识和技术提供的可能性及时抓住市场对新产品需求的机遇，快速地开发新产品，快速重组资源，组织生产，提供用户满意的顾客化产品。顾客化产品就是用户可以按自己的爱好，向制造商订购自己满意的产品，或用户可以很容易买到的重新组合的产品或更新换代的产品。

（二）敏捷制造的内涵

（1）敏捷制造的概念。敏捷制造是指企业快速调整自己，以适应当今市场持续多变的能力；以任何方式来高速、低耗地完成它所需要的任何调整，依靠不断开拓创新来引导市场，赢得竞争。

敏捷制造的实质是在先进的柔性制造技术的基础上通过企业内部的多功能项目组和企业外部的多功能项目组，组建虚拟公司。

敏捷制造的目标是快速响应市场的变化，在尽可能短的时间内向市场提供适销对路的环保型产品。

（2）敏捷性的表现。

①敏捷制造的战略着眼点在于快速响应市场 / 用户的需求。

②敏捷制造企业的关键因素是企业的应变能力。

③敏捷制造强调“竞争与合作”，采用灵活多变的动态组织结构。

（3）影响敏捷制造的关键因素。主要包括敏捷制造支持环境企业信息网的建立和管理，面向产品经营过程的一种动态组织结构和企业群体集成方式——虚拟公司的形成，由物理基础结构、法律基础结构、社会基础结构及信息基础结构所构成的敏捷制造基础结构的完善。

（三）敏捷制造对制造业的影响

（1）联合竞争。不同行业和规模的企业将会联合起来构造敏捷制造环境。某些敏捷制造集团将会主导若干行业的技术和产品的发展主流。

（2）技术和能力交叉。敏捷制造策略将促进制造技术和管理模式的交流和发展，促进各类行业中生产技术的双重转换和多种利用。

（3）环境意识加强。企业将采用绿色设计和绿色制造技术，自觉地保护生态环境。

（4）信息成为商品。在构成敏捷制造支撑环境的计算机网络中，会出现信息中介服务、咨询服务及设计服务机构，在获得认可后加入敏捷制造环境，向企业提供相应的服务。

（四）敏捷制造有关的新概念和新技术

（1）动态联盟。多功能动态虚拟组织机构是由职能不同的企业组成，以资源集成为原则，靠电子手段联系在一起的联合公司。这个组织称为动态联盟或虚拟企业或虚拟公司。

由于动态联盟是面向机遇产品的开发而临时组建的，所以它将随机遇产品的出现而出现，随机遇产品的消亡而消亡。动态联盟中企业之间的合作是以它们之间的共同利益和相互信任为基础，它反映了一种组织上的创新和柔性，体现了企业的敏捷性。从广义上讲，它是面向产品经营过程的一种动态生产组织方式。

（2）虚拟制造技术。所谓的虚拟制造是利用计算机对产品从设计、制造到装配的全过程进行全面的仿真。它不仅可以仿真现有企业的全部生产活动，而且可以仿真未来企业的物流系统，因而可以对新产品设计、制造乃至生产设备引进，以及车间布局等各个方面进行模拟和仿真。在虚拟企业正式运行之前，必须分析这种组合是否最优，这样的组织能否正常地协调运行，并且还要对这种组合投产后的效益及风险进行确实有效的评估。为了实现这种分析和评估，就必须把虚拟企业映射为一种虚拟制造系统。通过运行该系统，并对该系统进行仿真和实验，模拟产品设计、制造和装配的全过程。因此，虚拟制造是敏捷制造的一项关键技术，是实现敏捷制造的一个重要手段。虚拟制造提供了交互的产品开发、生产计划调度、产品制造和后勤等过程可视化工具，从范围来说覆盖了从车间到企业的各个方面。

五、智能制造

智能制造技术，源于人工智能的研究。20 世纪 80 年代以来，人工智能的研究从一般思维规律的探讨，发展到以知识为中心的研究方向，各式各样不同功能、不同类型的专家系统纷纷应运而生，出现“知识工程”新理念，并开始用于制造系统中。

近 20 年来，随着产品性能的完善化及其结构的复杂化、精细化，以及功能的多样化，促使产品所包含的设计信息和工艺信息量猛增，随之生产线和生产设备内部的信息流量增加，制造过程和管理工作的信息量也必然剧增，促使制造技术发展的热点与前沿，转向提高制造系统对于爆炸性增长的制造信息处理的能力、效率及规模上。

（一）智能制造的含义

智能制造技术是指在制造工业的各个环节，以一种高度柔性和高度集成的方式，通过计算机模拟人类专家的智能活动，进行分析、判断、推理、构思和决策，旨在取代或延伸制造环境中人的部分脑力劳动，并对人类专家的制造智能进行收集、存储、完善、共享、继承与发展的技术。

智能制造系统（IMS）是指基于智能制造技术的一种借助计算机、综合应用人工智能技术、智能制造设备、材料技术、现代管理技术、制造技术、信息技术、自动化技术和系统工程技术，在国际标准化和互换性的基础上，使得制造系统中的经营决策、生产规划、作业调度、制造加工和质量保证等各子系统分别智能化，成为网络集成的高度自动化的制造系统。

（二）智能制造的特征

智能制造作为一种新的制造模式，能够取代或延伸制造环境中人的部分脑力劳动。与传统的制造系统相比，智能制造系统具有以下特征：

（1）自组织能力。自组织能力是指智能制造系统中的各种智能设备，能够按照工作任务的要求，自行集结成一种最合适的结构，并按照最优的方式运行。完成任务以后，该结构随即自行解散，以备在下一个任务中集结成新的结构。自组织能力是 IMS 的一个重要标志。

（2）自律能力。IMS 能根据周围环境和自身作业状况的信息进行监测和处理，并根据处理结果自行调整控制策略，以采用最佳行动方案。这种自律能力使整个制造系统具备抗干扰、自适应和容错等能力。

（3）自学习能力。IMS能以原有专家知识为基础，在实践中不断进行学习，完善系统知识库，并删除库中有误的知识，使知识库趋向最优。

（4）自适应能力。能够随时发现错误或预测错误的发生并改正或预防之；系统有应对外界突发事件的能力；能够自动调整自身参数来适应外部环境，使自己始终运行在最佳状态下。

（5）整个制造环境的智能集成。IMS在强调各生产环节智能化的同时，更注重整个制造环境的智能集成。这是IMS与面向制造过程中的特定环节、特定问题的“智能化孤岛”的根本区别。IMS涵盖了产品的市场、开发、制造、服务与管理整个过程，把它们集成为一个整体，系统地加以研究，实现整体的智能化。

（三）智能制造的研究内容

（1）智能制造理论和系统设计技术。智能制造概念提出时间还不长，其理论基础和技术体系还在形成中，它的精确内涵和关键设计技术还需进一步研究。

（2）智能机器的设计。智能机器是智能制造系统中模拟人类专家活动的工具之一，因此对智能机器的研究在智能制造系统中占重要地位，常用的智能机器包括智能机器人、智能加工中心、智能数控机床和自动引导小车等。

（3）智能制造单元技术的集成。人们在过去的研究中，以研究人工智能在制造领域的应用为出发点，开发众多的面向制造过程中特定环节、特定问题的智能单元，形成了一个个“智能化孤岛”，它们是智能制造研究的基础，为使这些“智能化孤岛”面向智能制造，使其成为智能制造的单元技术，必须研究它们在智能制造系统中的集成，并进一步完善和发展这些智能单元。

六、绿色制造

工业文明使人类赖以生存的地球遭到了日益严重的破坏，在这种背景下，绿色制造技术应运而生。20世纪90年代，提出绿色制造的概念，又称“清洁生产”或“面向环境的制造”。近年来，国际标准化组织提出了关于环境管理的ISO 14000系列标准，使绿色制造的研究更加活跃。

（一）绿色制造的内涵

（1）绿色制造的定义。基于生命周期的概念考虑，可以将绿色制造定义为：在不牺牲产品功能、质量和成本的前提下，系统考虑产品开发制造及其活动对环境的影响，使产品在整个生命周期中对环境的负面影响最小、资源利用率最高，并使企业经济效益和社会效益协调优化。

绿色制造技术是指在保证产品的功能、质量、成本的前提下，综合考虑环境影响和资源效率的现代制造模式。它使产品从设计、制造、使用到报废整个产品生命周期中不产生环境污染或环境污染最小化，符合环境保护要求，对生态环境无害或危害极少，节约资源和能源，使资源利用率最高，能源消耗最低。

绿色制造技术要求产品从设计、制造、使用一直到产品报废回收整个生命周期对环境影响最小、资源效率最高，也就是说要在产品整个生命周期内，以系统集成的观点考虑产品环境属性，改变了原来末端处理的环境保护办法，对环境保护从源头抓起，并考虑产品的基本属性，使产品在满足环境目标要求的同时，保证产品应有的基本性能、使用寿命、质量等。

（2）绿色制造涉及的范围。绿色制造涵盖了绿色制造过程和绿色产品两个方面。

绿色制造过程，要求运用节省资源的制造技术、环保型制造技术、再制造技术，即减少制造过程中的资源消耗、避免或减少制造过程对环境的不利影响、报废产品的再生与利用。绿色制造过程主要包括以下三个方面的内容：

①节省资源的制造技术。减少制造过程中的能源消耗；减少原材料损耗；减少制造过程中的其他消耗。如刀具消耗、液压油消耗、润滑油消耗、冷却液消耗、涂油和包装材料消耗等。

②环保型制造技术。杜绝或减少有毒、有害物质的产生；减少粉尘污染与噪声污染；工作环境设计。

③再制造技术。再制造技术指产品报废后，对其进行拆卸和清洗，对其中的某个零部件采用表面工程或其他加工技术进行翻新和再装配，使零部件的形状、尺寸和性能得到恢复和再利用。

绿色产品就是要求产品在全生命周期内做到节能、节省资源、环保、便于回收利用。

（3）绿色制造的战略原则。

①“不断运用”原则。即将绿色制造技术不断运用到社会生产的全部领域和社会持续发展的整个过程。

②预防性原则，即将对环境影响因素从末端治理追溯到源头，采取一切措施最大限度地减少污染物的产生。

③一体化原则，即将空气、水、土地等环境因素作为一个整体考虑，避免污染物在不同介质之间进行转移。

（二）绿色制造技术的研究内容

（1）绿色设计技术，即面向环境的设计，指在产品及其生命周期全过程的设计中，充分考虑资源和环境的影响，充分考虑产品的功能、质量、开发周期和成本，优化各有关设计因素，使得产品及其制造过程对环境的总体影响减到最小。

（2）制造企业的物能资源优化技术。制造企业的物能资源消耗不仅涉及人类有限资源的消耗问题，而且物能资源废弃物是当前环境污染的主要源头。因此研究制造系统的物能资源消耗规律，应面向环境的产品材料选择；研究物能资源的优化利用技术，应面向产品生命周期和多个生命周期的物流和能源的管理和控制等。

（3）绿色企业资源管理模式和绿色供应链。绿色制造的企业中，企业的经营与生产管理必须考虑资源消耗和环境影响及其相应的资源成本和环保处理成本，以提高企业的经济效益和环境效益，长中绿色制造的整个产品周期的绿色制造资源或企业资源管理模式及长绿色供应链是研究的主要内容。

（4）绿色制造的数据库和知识库。研究绿色制造的数据库和知识库，为绿色设计、绿色材料选择，绿色工艺规划和回收处理方案设计提供数据支持和知识支持。

（5）绿色制造的实施工具和产品。研究绿色制造的支撑软件，包括 CAD 系统、绿色工艺规划系统、绿色制造的决策支撑系统、ISO 14000 国际认证的支撑系统等。

（6）绿色集成制造系统的运行模式。只有从系统集成的角度，才可能真正有效地实施绿色制造。绿色集成制造系统将企业中各项活动中的人、技术、经营管理、物能消耗和生态环境，以及信息流、能量流和资金流有机集成，并实现企业和生态环境的整体优化，达到产品上市快、质量好、成本低、服务好、有利于环境，赢得竞争的口的。绿色集成制造系统的集成运行模式主要涉及绿色设计、产品生命周期及其物流过程、产品生命周期的外延及其相关环境等。

（7）制造系统环境影响评估系统。环境影响评估系统要对产品生命周期中的各个方面的资源消耗和环境影响的情况进行评估、评估的主要内容包括制造过程物料资源的消耗状况、制造过程能源的消耗状况、制造过程对环境的污染状况、产品使用过程对环境的污染状况、产品寿命终结后对环境的污染状况等。

（8）绿色制造的社会化问题研究。绿色制造是一种企业行为，但需要以法律行为和政府行为作为保证和制约，研究绿色制造及其企业管理涉及社会对于环保的要求和相应的政府法规。只有合理制定对于资源优化利用和综合利用、环境保护等方面的法规，才能真正推动绿色制造的实施。

第六章　机械制造自动化技术

第一节　刚性自动化技术

机械制造中的刚性控制是指传统的电器控制（继电器—接触器）方式，应用这种控制方式的自动线称为刚性自动线。这里所谓的刚性，就是指该自动线加工的零件不能改变。如果产品或零件结构发生了变化导致其加工工艺发生了变化，刚性自动线就不能满足这种变化零件的加工要求了，因此它的柔性差。刚性自动线一般由刚性自动化设备、工件输送系统、切屑输送系统和控制系统等组成。

自动化加工设备是针对某种零件或一组零件的加工工艺来设计、制造的，由于采用多面、多轴、多刀同时加工，所以自动化程度和生产效率很高。加工设备按照加工顺序依次排列，主要包括组合机床和专用机床等。

控制系统对全线机床、工件输送装置、切屑输送装置进行集中控制，传统的控制方式是采用继电逻辑电气控制，目前倾向于采用可编程控制器。

第二节　柔性自动化技术

一、可编程控制器

可编程控制器简称为 PC 或 PLC，可编程控制器是将逻辑运算、顺序控制、时序和计数以及算术运算等控制程序，用一串指令的形式存放到存储器中，然后根据存储的控制内容，经过模拟数字等输入输出部件，对生产设备和生产过程进行控制的装置。

PLC 既不同于普通的计算机，又不同于一般的计算机控制系统。作为一种特殊形式的计算机控制装置，它在系统结构、硬件组成、软件结构以及 I/O 通道、用户界面诸多方面都有其特殊性。为了和工业控制相适应，PLC 采用循环扫描原理来工作，也就是对整个程序进行一遍又一遍地扫描，直到停机为止。其之所以采用这样的工作方式，是因为 PLC 是由继电器控制发展而来的，而 CPU 扫描用户程序的时间远远短于继电器的动作时间，只要采用循环扫描的办法就可以解决其中的矛盾。循环扫描的工作方式是 PLC 区别于普通的计算机控制系统的一个重要方面。

虽然各种 PLC 的组成各不相同，但是在结构上是基本相同的，一般由 CPU、存储器、输入输出设备（I/O）和其他可选部件组成。其他的可选部件包括编程器、外存储器、模拟 I/O 盘、通信接口、扩展接口等。CPU 是 PLC 的核心，它用于输入各种指令，完成预定的任务，起到了大脑的作用，自整定、预测控制和模糊控制等先进的控制算法也已经在 CPU 中得到了应用；存储器包括随机存储器（RAM）和只读存储器（ROM），通常将程序以及所有的固定参数固化在 ROM 中，RAM 则为程序运行提供了存储实时数据与计算中间变量的空间；输入输出系统（I/O）是过程状态和参数输入到 PLC 的通道以及实时控制信号输出的通道，这些通道可以有模拟量输入、模拟量输出、开关量输入、开关量输出、脉冲量输入等。当前，PLC 的应用十分广泛。

（1）可编程控制器的主要功能

①逻辑控制：PLC 具有逻辑运算功能，它设置有“与”“或”“非”等。逻辑指令能够描述继电器触点的串联、并联、串并联、并串联等各种连接。因此它可以代替继电器进行逻辑与顺序逻辑控制。

②定时控制：PLC 具有定时控制功能。它为用户提供了若干个定时器并设置了定时指令。定时值可由用户在编程时设定，并能在运行中被读出与修改，使用灵活，操作方便。

③计数控制：PLC 能完成计数控制功能。它为用户提供了若干个计数器并设置了计数指令。计数值可由用户在编程时设定，并可在运行中被读出或修改，使用与操作都很灵活方便。

④步进控制：PLC 能完成步进控制功能。步进控制是指在完成一道工序以后，再进行下一道工序，也就是顺序控制。PLC 为用户提供了若干个移位寄存器，或者直接有步进指令，可用于步进控制，编程与使用很方便。

⑤ A/D、D/A 转换：有些 PLC 还具有“模数”（A/D）转换和“数模”（D/A）转换功能，能完成对模拟量的控制与调节。

⑥数据处理：有的 PLC 还具有数据处理能力，并具有并行运算指令，能进行数据并行传送、比较和逻辑运算，BCD 码的加、减、乘、除等运算，还能进行字“与”、字“或”、字“异或”、求反、逻辑移位、算术移位、数据检索、比较、数值转换等操作，并可对数据存储器进行间接寻址，与打印机相连打印出程序和有关数据及梯形图。同时，大部分 PLC 还具有逻辑)运算、速度检测等功能指令，这些都大大丰富了 PLC 的数据处理能力。

⑦通信与联网：有些 PLC 采用了通信技术，可以进行远程 I/O 控制，多台 PLC 之间可以进行同位链接，还可以与计算机进行上位链接，接受计算机的命令，并将执行结

果告诉计算机。由一台计算机和若干台 PLC 可以组成“集中管理、分散控制”的分布式控制网络，以完成较大规模的复杂控制。

⑧对控制系统监控：PLC 配置有较强的监控功能，它能记忆某些异常情况，或当发生异常情况时自动终止运行。在控制系统中，操作人员通过监控命令可以监视机器的运行状态，可以调整定时或计数等设定值，因而调试、使用和维护方便。

可以预料，随着科学技术的不断发展，PLC 的功能还会不断拓宽和增强。如可用于开关逻辑控制、定时和计数控制、闭环控制、机械加工数字控制、机器人控制和多级网络控制等。

（2）可编程控制器的主要优点

①编程简单：PLC 的设计者在设计 PLC 时已充分考虑到使用者的习惯和技术水平及用户的方便，构成一个实际的 PLC 控制系统一般不需要很多配套的外围设备；PLC 的基本指令不多；常用于编程的梯形图与传统的继电接触控制线路图有许多相似之处；编程器的使用简便；对程序进行增减、修改和运行监视很方便。因此对编制程序的步骤和方法，容易理解和掌握，只要具有一定电气知识基础，都可以在较短的时间内学会。

②可靠性高：PLC 是专门为工业控制而设计的，在设计与制造过程中均采用了诸如屏蔽、滤波、隔离、无触点、精选元器件等多层次有效的抗干扰措施，因此可靠性很高，平均故障时间间隔为 2 万 ~5 万小时。此外，PLC 还具有很强的自诊断功能，可以迅速方便地检查判断出故障，缩短检修时间。

③通用性好：PLC 品种多，档次也多，可利用各种组件灵活组合成不同的控制系统，以满足不同的控制要求。同一台 PLC，只要改变软件便可实现控制不同的对象或应用到不同的工控场合。可见，PLC 通用性好。

④功能强：在前面已介绍过，PLC 具有很强的功能，能进行逻辑、定时、计数和步进等控制，能完成 A/D 与 D/A 转换、数据处理和通信联网等功能。而且 PLC 技术发展很快，功能会不断增强，应用领域会更广。

⑤使用方便：PLC 体积小，重量轻，便于安装。PLC 编程简单，编程器使用简便。PLC 自诊断能力强，能判断和显示出自身故障，使操作人员检查判断故障方便迅速，而且接线少，维修时只需更换插入式模块，维护方便。修改程序和监视运行状态也容易。

⑥设计、施工和调试周期短：上面已介绍过，PLC 在许多方面是以软件编程来取代硬件接线，目前，商品化的 PLC 产品很多，其硬件软件都较齐全，开发工业控制应用系统，不需要很多配套的外围设备和大量复杂的接线，程序调试修改也很方便。因此可大大缩短 PLC 控制系统的设计、施工和投产周期。

早期的 PLC 主要用于顺序控制上。所谓顺序控制，就是按照工艺流程的顺序，在控制信号的作用下，使得生产过程的各个执行机构自动地按照顺序动作。PLC 的应用大大促进了流水线技术的发展。今天的 PLC 已经开始用于闭环运动控制，不仅如此，随着其扩展能力和通信能力的发展，它也越来越多地应用到了复杂的分布式控制系统中。PLC 自 1969 年问世以来，它按照成熟而又有效的继电器控制概念和设计思想，不断利用新科技、新器件，尤其和现在飞速发展的计算机技术相联系，逐步形成一门较为独立的新兴技术和具有特色的各种系列产品，同时也逐步发展成为一类解决自动化问题的有效且便捷的方式。由于 PLC 自身具有的完善的功能、模块化的结构，以及开发容易、操作方便、性能稳定、可靠性高的特点和较高的性价比，使其在工业生产中的应用日益广泛。

二、计算机数控

计算机数控系统（CNC），是采用通用计算机元件与结构，并配备必要的输入 / 输出部件构成的。采用控制软件来实现加工程序存储、译码、插补运算，辅助动作，逻辑连锁以及其他复杂功能。

CNC 系统是由程序、输入输出设备、计算机数字控制装置、可编程控制器、主轴控制单元及进给轴控制单元等部分组成。根据它的结构和控制方式的不同，产生了多种分类方法，下面将对几种常见的分类做简单的介绍。

（1）按数控系统的软硬件构成特征，可分为硬件数控与软件数控。

数控系统的核心是数字控制装置，传统的数控系统是由各种逻辑元件、记忆元件等组成的逻辑电路，是采用固定接线的硬件结构，数控功能是由硬件来实现的，这类数控系统被称为硬件数控（硬线数控）。

随着半导体技术、计算机技术的发展，微处理器和微型计算机功能增强，数字控制装置已发展成为计算机数字控制装置，即所谓的 CNC 装置，它可由软件来实现部分或全部数控功能。CNC 系统中，可编程控制器（PC）也是一种数字运算电子系统，是以微处理器为基础的通用型自动控制装置，专为在工业环境下应用而设计。它采用可编程序的存储器，在其内部存储执行逻辑运算、顺序控制、定时、计数和算术运算等特定功能的用户操作指令，并通过数字式、模拟式的输入和输出，控制各种类型的机械或生产过程。PC 已成为数控机床不可缺少的控制装置。CNC 和 PC 协调配合共同完成数控机床的控制，其中 CNC 主要完成与数字运算和管理有关的功能，如零件程序的编辑、插补、运算、译码、位置伺服控制等。PC 主要完成与逻辑运算有关的一些动作，没有轨迹上的具体要求，它接收 CNC 的控制代码 M（辅助功能）、S（主轴转速）、T（选刀、换刀）等顺序动作信息，对其进行译码，转换成对应的控制，控制辅助装置完成机床相应的开关动作，如工件的装夹、刀具的更换、切削液的开关等一些辅助动作，它还接收机床操作面板的指令，一方面直接控制机床的动作，另一方面将一部分指令送往 CNC 用于加工过程的控制。

（2）按用途，可把数控系统分为金属切削类数控系统、金属成型类数控系统和数控特种加工系统等三类。

（3）按运动方式，可分为点位控制系统、点位直线控制系统和轮廓控制系统三类。轮廓控制系统又称连续轨迹控制，该系统能同时对两个或两个以上的坐标轴进行连续控制，加工时不仅要控制起点与终点，而且要控制整个加工过程中的走刀路线和速度。它可以使刀具和工件按平面直线、曲线或空间曲面轮廓进行相对运动，加工出任何形状的复杂零件。它可以同时控制 2~5 个坐标轴联动，功能较为齐全。在加工中，需要不断进行插补运算，然后进行相应的速度与位移控制。数控铣床、数控凸轮磨床、功能完善的数控车床、较先进的数控火焰切割机、数控线切割机及数控绘图机等，都是典型的轮廓控制系统。它们取代了各种类型的仿形加工，提高了加工精度和生产效率，因而得到广泛应用。

（4）按控制方式，可分为开环控制系统、半闭环控制系统和全闭环控制系统三类。开环控制系统是不具有任何反馈装置的数控系统，无检测反馈环节。半闭环控制系统是在开环数控系统的传动丝杠上或动力源非输出轴上装有角位移检测装置，如光电编码器、感应同步器等，通过检测丝杠或电机的转角间接地检测移动部件的位移，然后反馈至控制系统中。闭环控制系统是在移动部件上直接装有直线位置检测装置，将测量的实际位移值反馈到数控装置中，与输入的位移值进行比较，用差值进行补偿，使移动部件按照实际需要的位移量运动，实现移动部件的精确定位。闭环数控系统的控制精度主要取决于检测装置的精度、机床本身的制造与装配精度。

DNC（直接数字控制 / 分布式控制）也是计算机控制技术的一种，它始于 20 世纪 60 年代，是用一台或几台计算机直接控制若干台数控机床的系统控制方法，又称为群控。其零部件加工程序或机床程序存放在公用的存储器中，计算机按照约定及请求，向这些机床分送程序和数据，并能收集、显示或编辑与控制过程有关的数据。此外，系统计算机还具有生产调度、自动编程、程序校验与修正以及系统的自动维护等功能。当时的研究目的主要是为了解决早期数控设备使用纸带输入数控加工程序而带来的故障多等一系列问题和早期数控设备成本高等问题。

DNC 的基本功能是传送 NC 程序。随着技术的发展，现代 DNC 还具有制造数据传送（NC 程序上传、NC 程序校正文件下传、刀具指令下传、托盘零点值下传、机器人程序下传、工作站操作指令下传等）、状态数据采集（机床状态、刀具信息和托盘信息等）、刀具管理、生产调度、生产监控、单元控制和 CAD / CAPP / CAM 接口等功能。DNC 与单机数控相比，增加了控制管理功能。DNC 视需要很容易成为柔性制造系统（FMS）或计算机集成制造系统（CIMS）的一个组成部分。而其相对 FMS 来说，它投资小、见效快，可大量介入人机交互。

三、数控机床与加工中心

（1）数控机床：数字控制技术是近代发展起来的一种自动控制技术，简称为数控（NC）技术。它是指用数字化信号（记录在媒介上的数字信息）对设备运行及其加工过程进行控制的一种自动化技术。它是一种可编程的自动控制方式，它所控制的量一般是位置、角度、速度等机械量，也有温度、压力、流量、颜色等物理量，这些量的大小不仅可用数字表示，而且是可测的。

采用数控技术的控制系统称为数控系统，装配了数控系统的机床称为数控机床。数控机床内部装有程序控制系统，能够逻辑地处理具有使用编码或其他符号指令规定的程序。它是数控技术在控制中的具体应用。加工中心不仅具有自动换刀装置和刀库，而且多数还具有工件自动进给、装卸、刀具寿命检测系统、排屑等各种附加装置，可以进行长时间的无人运转加工。当今的数控机床已经在机械加工行业中占有非常重要的地位，是柔性制造系统、计算机集成制造系统、自动化工厂的基本构成单元。

数控机床的品种规格很多，分类方法也各不相同，按加工工艺和机床用途，它可分为以下几种：

①金属切削类数控机床：采用车、铣、镗、钻、磨、刨等各种切削工艺的数控机床。它又可被分为以下两类：

普通型数控机床：如数控车床、数控铣床、数控钻床、数控镗床、数控磨床等。

加工中心：其主要特点是具有自动换刀机构和刀具库工件经一次装夹后，通过自动更换各种刀具，在同一台机床上对工件各加工面连续进行铣、铰、钻、攻螺纹等多种工序的加工，如车削中心、镗铣中心等。

②金属成型类数控机床：采用挤、冲、压、拉等成型工艺的数控机床，常用的有数控压力机、数控折弯机、数控弯管机、数控旋压机等。

③数控特种加工机床：主要有数控线切割机、数控电火花加工机床、数控激光加工机床等。

④测量、绘图类：主要有三坐标测量仪、数控对刀仪、数控绘图仪等。

但是，不管是哪一种数控机床，它们对零件的加工过程，都是严格按照加工程序中所规定的参数及动作执行的。数控机床是一种高效的自动机床，与普通机床相比，具有以下特点：能加工复杂型面零件；加工精度高，加工尺寸精度可达 0.005 mm 以上，批量生产时，加工精度也很稳定；加工效率高，加工过程中，能在一次装夹定位中加工多个表面，并能完成自动监测等工序，有效地提高了生产效率；自动化程度高，减轻劳动强度，改善生产环境；可以实现一机多用，替代多台普通机床，节省厂房面积；采用数控机床，促进了单件、小批量生产自动化的发展，实现柔性自动化生产；由于不需要专用的工艺设备，采用通用工夹具，只要更换程序，就可适用不同品种及尺寸规格零件的自动化生产。基于数控机床的上述特点，数控机床主要适用于单件、中小批量生产形状复杂、精度要求高的零件加工。采用数控机床生产，可以提高产品质量，降低生产成本，并大大提高生产效率，获得较高的经济效益。但是，数控机床初期投资和维护保养费用高，要求管理及操作人员的素质高。

根据以上介绍，可以看出数控机床是综合采用了当代最新科技成果发展起来的新型机械加工机床，比普通机床拥有更加广阔的发展空间。随着微电子技术、计算机技术和软件技术的迅速发展，数控机床的控制系统日益趋向于小型化和多功能化，具备完善的自诊断功能，可靠性也大大提高；数控系统本身将普遍实现自动编程。数控机床的类型将更加多样化，多工序集中加工的数控机床品种越来越多。数控机床的自动化程度更加提高，更多的数控机床将配备刀具和工件的自动交换装置和储存装置，并具有多种监控功能，从而形成一个柔性制造单元，更加便于纳入高度自动化的柔性制造系统中。

（2）加工中心：加工中心是带有刀库和自动换刀装置的数控机床。它将数控铣床、数控机床、数控钻床的功能组合在一起，工件在一次装夹后，可对其进行铣、锋、钻、扩、铰及攻螺纹等多工序加工，主要用来加工箱体类零件。

与普通数控机床相比，它具有以下几个突出特点：

①工序集中：加工中心备有刀库并能自动更换刀具，对工件进行多工序加工，使得工件在一次装夹后，数控系统能控制机床按不同工序，自动选择和更换刀具，自动改变机床主轴转速、进给量和刀具相对工件的运动轨迹，以及其他辅助功能，现代加工中心更大程度地使工件在一次装夹后实现多表面、多工位的连续、高效、高精度加工，即工序集中。这是加工中心最突出的特点。

②对加工对象的适应性强：加工中心生产的柔性不仅体现在对特殊要求的快速反应上，而且可以快速实现批量生产，提高市场竞争能力。

③加工精度高：加工中心同其他数控机床一样具有加工精度高的特点，而且由于工序集中，避免了长工艺流程，减少了人为干扰，故加工精度更高，加工质量更加稳定。

④加工生产率高：加工中心带有刀库和自动换刀装置，可减少工件装夹、测量和机床的调整时间，减少了工件半成品的周转、搬运和存放时间。

⑤经济效益高：使用加工中心加工零件时，分摊在每个零件上的设备费用是较昂贵的，但在单件、小批量生产的情况下，可以节省许多其他方面的费用，因此能获得良好的经济效益。另外，由于加工中心加工零件不需手工制作模型、凸轮及其他工夹具，省去了许多工艺装备，减少了硬件投资。还由于加工中心的质量稳定，减少了废品率，使生产成本进一步下降。

⑥有利于生产管理的现代化：用加工中心加工零件，能够准确地计算零件的加工工时，并有效地简化了检验和工夹具、半成品的管理工作。这些特点有利于使生产管理现代化。

与机器人的联合应用是加工中心的一个新的发展趋势。

加工中心上下料由安装在地面上的机器人完成并负责取件、装夹、卸件，加工中心的自动化程度进一步提高，同时也节省了大量的劳动力。特别适合在恶劣环境以及高危场合应用。

总之，加工中心是多功能、高精度的数控机床，是典型的集高新技术于一体的机械加工设备。它的发展代表了一个国家设计、制造的水平，因此在国内外企业界都受到高度重视。如今，加工中心已成为现代机床发展的主流方向，广泛应用于机械制造中。

三、生产中的柔性自动化技术应用

当前随着人力成本的增高，柔性自动化技术已越来越受到重视，同时该技术也是保证产品质量和性能一致性的一个极为重要的作业手段。这项技术在实际生产中应用日益广泛。如轮胎动平衡 / 不圆度全自动在线检测试验机应用，它利用现代 CNC 技术和现代 PLC 控制技术，采用分布式主从控制系统，实现了轮胎从润滑、测量、打标、分级等全自动的柔性在线检测功能，可以实现轮胎动平衡 / 不圆度等多项参数的检测、质量分析、产量统计与报表等。用于高档防伪瓶盖生产的柔性自动装配系统，通过现代 PLC 技术可以实现高档白酒多组件瓶盖的智能装配，效率较人工装配提高近 10 倍，且保证了产品的质量和卫生标准。这两个案例均体现了现代计算机技术在柔性自动化生产中的应用。

第三节　物流自动化技术

一、自动线的传送装置

物流自动化中的传送装置有多种传送形式，对应的就有多种形式的输送机，下面对几种常见的输送机做简单的介绍。

（1）板式输送机：板式输送机是用连接于牵引链上的各种结构和形式的平板或鳞板等承载构件来承托和输送物料。它的载重量大，输送重量可达数十吨以上，尤其适用于大重量物料的输送。输送距离长，长度可达 120 m 以上，运行平稳可靠，适用于单件重量较大产品的装配生产线。设备结构牢固可靠，可在较恶劣环境下使用。而且链板上可设置各种附件或工装夹具。输送线路布置灵活，可水平、爬坡、转弯输送，上坡输送时输送倾角可达45°，广泛应用于家电装配、汽车制造、工程机械等行业。

（2）链板输送机：链板输送机的输送面平坦光滑，摩擦力小，物料在输送线之间的过渡平稳。设备布局灵活，可以在一条输送线上完成水平、倾斜和转弯输送。设备结构简单，维护方便。而且链板有不锈钢和工程塑料等材质，规格品种繁多，可根据输送物料和工艺要求选用，能满足各行各业不同的需求。它还可以直接用水冲洗或直接浸泡在水中，设备清洁方便，能满足食品、饮料等行业对卫生的要求。可输送各类玻璃瓶、PET瓶、易拉罐等物料，也可输送各类箱包。

（3）滚筒式输送机：滚筒式输送机主要由辊子、机架、支架、驱动等部分组成，具有输送物体重量大、速度快、运转轻快、能实现多种共线分流输送等特点。它适用于各种成件物品连续输送、积存、分拣、包装等，广泛用于机电、摩托车、轻工、家电、化工、食品、邮电等行业。

（4）皮带式转弯输送机：皮带式转弯输送机能够调整输送方向，有效利用生产场地，合理安排操作流程，提高工作效率，而且运行平稳，无噪声，输送物在通过该机过程中可保持其相对位置。被广泛应用于食品、饮料、电子、化工、轻工、印刷、烟草等诸多领域。

（5）波状挡边带式输送机：波状挡边带式输送机具有输送侦角大、占地面积小、工作效率高、可实现垂直提升和使用维修方便等特点，被广泛应用于钢铁、煤炭、粮食、陶瓷、化工、轻工、电力、建材等行业，是混凝土搅拌站、港口装卸、物料输送的主要设备。

二、有轨小车

一般概念的有轨小车（RGV）是指小车在铁轨上行走，由车辆上的马达牵引。

此外，还有一种链索牵引小车，在小车的底盘前后各装一导向销，地面上修好一组固定路线的沟槽，导向销嵌入沟槽内，保证小车行进时沿着沟槽移动。前面的销杆除作定向用外还作为链索牵动小车行进的推杆，推杆是活动的，可在套筒中上下滑动。链索每隔一定距离，有一个推头，小车前面的推杆，可自由地插入或脱开。推头由埋设在沟槽内适当位置的接近开关和限位开关控制，销杆脱开链索的推头，小车停止前进。这种小车只能向一个方向运动，所以适合简单的环形运输方式。

空架导轨和悬挂式机器人，也属于一种演变的有轨小车，悬挂式的机器人可以由电动机拖动在导轨上行走，像厂房中的吊车一样工作，工件以及安装工件的托盘可以由机器人的支持架托起，并可上下移动和旋转。由于机器人可自由地在X、Y两个方向移动，并可将吊在机器人下臂上面的支持架上下移动和旋转，它就可以将工件连同托盘转移到轨道允许到达任意地方的托盘架上。

归纳起来，有轨小车主要有以下优点：有轨小车的加速过程和移动速度都比较快，适合搬运重型零件；因轨道固定行走平稳，停车时定位较准确；控制系统相对无轨小车来说要简单许多，因而制造成本较低，便于推广应用。因控制技术相对成熟，可靠性比无轨小车好。但缺点是一旦将轨道铺设好，就不便改动，而且转弯的角度不能太小，导轨一般宜采用直线布置。

三、自动导向车

自动导向小车（AGV）系统是目前自动化物流系统中具有较大优势和潜力的搬运设备，是高技术密集型产品。它主要由运输小车、地板设备及系统控制器等三部分组成。

自动导向车与有轨穿梭小车的根本区别主要在于有轨穿梭小车是将轨道直接铺在地面上或架设在空中的有轨小车，而自动导向车主要是指将有交变电流的电缆埋设在地面之下，由自动导向车自动识别轨道的位置，并按照中央计算机的指令在相应的轨道上运行的无轨小车。自动导向车可以自动识别轨道分岔，因此自动导向车比有轨穿梭小车柔性更好。

自动导向车在自动化制造中得到广泛的应用，它的主要特点体现在以下方面：

较高的柔性。只要改变一下导向程序就可以很容易地改变、修正和扩充自动导向车的移动路线。而对于输送机和有轨小车，却必须改变固定的传送带或有轨小车的轨道，相比之下，改造的工作量要大得多。

实时监视和控制。由于控制计算机能实时地对自动导向车进行监视，所以可以很方便地重新安排小车路线。此外，还可以及时向计算机报告装载工件时所产生的失败、零件错放等事故。如果采用的是无线电控制，则可以实现自动导向车和计算机之间的双向通信，不管小车在何处或处于何种状态，计算机都可以用调整频率法通过它的发送器向任一特定的小车发出命令，且只有相应的那一台小车才能读到这个命令，并根据命令完成由某一地点到另一地点的移动、停止、装料、卸料、再充电等一系列的动作。另一方面，小车也能向计算机发回信号，报告小车状态、小车故障、蓄电池状态等。

安全可靠。自动导向车能以低速运行，一般在10~70 m/min范围内。而且自动导向车由微处理器控制，能同本区的控制器通信，可以防止相互之间的碰撞。有的自动导向车上面还安装了定位精度传感器或定中心装置，可保证定位精度达到30 mm，精确定位的自动导向车其定位精度可以达到3 mm，从而避免了在装卸站或运输过程中小车与小车之间发生碰撞以及工件卡死的现象。自动导向车也可安装报警信号灯、扬声器、紧停按钮、防火安全联锁装置，以保证运输的安全。

维护方便。不仅对小车蓄电池的再充电很方便，而且对电动机车上控制器通信装置安全报警（如报警、扬声器、保险杠传感器等）的常规检测也很方便。大多数自动导向车都安装了蓄电池状况自动报告设施，它与中央计算机联机，当蓄电池的储备能量降到需要充电的规定值时，自动导向车便自动去充电站，一般自动导向车可工作 8 小时无须充电。

四、自动化立体仓库

自动化立体仓库是一个将毛坯、半成品、配套件或成品、工具等物料自动存取、自动检索的系统，是物流系统的重要组成部分。自动化立体仓库主要由库架、堆垛机、出入库栈台、出入库运输机、控制计算机、状态检测器等部分组成，必要时还配有信息输入设备如条形码扫描器等。

库架由一些货架组成，货架的高度视厂房高度和需求而定，货架通常由一些尺寸一致的货格组成。货架之间留有巷道，巷道的多少视需要而定，长度应根据货架的长度来定，每个巷道都有自己专有的堆垛起重机。一般入库和出库布置在巷道的某一端，有时也由巷道的两端入库和出库。进入高仓位的零件通常先装入标准的货箱内，然后再将货箱装入高仓位的货格中，每个货格存放的零件或货箱的重量一般不宜过重、过大。超重型零件因搬运提升困难，一般不存入自动化立体仓库中。

堆垛机是一种安装了起重设备的有轨或无轨小车。堆垛机上装有电动机，带动堆垛机的移动和托盘的升降，一旦堆垛机找到需要的货位，就可以将零件或货箱自动推入或拉出货架。堆垛机上有检测横向移动和起升高度的传感器，辨认货位的位置和高度，有时还可以阅读货箱内零件的名称以及其他有关零件信息。

自动化立体仓库当中的“自动化”主要指仓库管理自动化和入库、出库的作业自动化。

所谓仓库管理自动化，就是对货箱、账目、货格及其他信息管理等的自动化管理。主要是对立体仓库进行计算机管理，这是自动化立体仓库进行物资管理、账目管理、货位管理及信息管理的中心。入库时将货箱合理分配到各个巷道作业区；出库时物料按一定的排队规则出库，一般采用的是“先进先出”的原则。同时，还要定期或不定期地打印报表。当系统出现故障时，可以通过总控制台的操作按钮进行运行中的动态改账及信息修正，并判断出发生故障的巷道，及时封锁发生故障的巷道，暂停该巷道的出入库作业等。

入库、出库的作业自动化包括货格的自动识别、自动认址、货格状态的自动检测以及堆垛机各种动作的自动控制，主要是对出入库运输机的计算机控制。出入库运输机从通信监控机接收到一批作业命令以后，取出作业命令中的巷道号，完成对这些巷道数据的处理，以便控制分岔点的停止器，并最终实现货箱在出入库运输机上的自动分岔。这就要求自动化立体仓库的计算机系统具备信息的输入及预处理功能，包括对货箱条形码的识别，认识检测器、货格状态检测器信息的输入及预处理等。

第四节 CAD/CAPP/CAM一体化技术

一、CAD技术

CAD是计算机辅助设计的英文缩写，是近30年迅速发展起来的一门计算机学科与工程学科为一体的综合性学科。它的定义也是不断发展的，可以从两个角度给予定义。

（1）CAD是一个过程：工程技术人员以计算机为工具，运用各自的专业知识，完成产品设计的创造、分析和修改，以达到预期的设计目标。

（2）CAD是一项产品建模技术：CAD技术把产品的物理模型转化为产品的数据模型，并将之存储在计算机内供后续的计算机辅助技术所共享，驱动产品生命周期的全过程。

CAD的功能一般可归纳为四类：几何建模、工程分析、动态模拟、自动绘图。一个完整的CAI）系统，由科学计算、图形系统和工程数据库等组成。

二、CAPP技术

CAPP是计算机辅助工艺设计的简称，是利用计算机技术，在工艺人员较少的参与下，完成过去完全由人工进行的工艺规程设计工作的一项技术，是将企业产品设计数据转换为产品制造数据的一种技术。从20世纪60年代末诞生以来，其研究开发工作一直在国内外蓬勃发展，而且逐渐引起越来越多的人的重视。

当前，科学技术飞速发展，产品更新换代频繁，多品种、小批量的生产模式已占主导地位，传统的工艺设计方法已不能适应机械制造业的发展需要，其主要表现如下：采用人工设计方式，设计任务烦琐、重复工作量大、工作效率低。设计周期长，难以满足产品开发周期越来越短的需求。受工艺人员的经验和技术水平限制，工艺设计质量难以保证。设计手段落后，难以实现工艺设计的继承性、规范性、标准化和最优化。而CAPP可以显著缩短工艺设计周期，保证工艺设计质量，提高产品的市场竞争能力。其主要优点在于：CAPP使工艺设计人员摆脱大批、烦琐的重复劳动，将主要精力转向新产品、新工艺、新装备和新技术的研究与开发。CAPP可以提高产品工艺的继承性，最大限度地利用现有资源，降低生产成本。CAPP可以使没有丰富经验的工艺师设计出高质量的工艺规程，以缓解当前机械制造业工艺设计任务繁重，但缺少有经验工艺设计人员的矛盾。随着计算机技术的发展，计算机辅助工艺设计（CAPP）受到了工艺设计领域的高度重视。CAPP不但有助于推动企业开展的工艺设计标准化和最优化工作，而且是企业逐步推行 CIMS 应用工程的重要基础之一。

CAPP 系统按其工作原理可以分为五大类：交互式 CAPP 系统、派生式 CAPP 系统、创成式 CAPP 系统、综合式 CAPP 系统和 CAPP 专家系统。

（1）交互式CAPP系统：采用人机对话的方式基于标准工步、典型工序进行工艺设计，工艺规程的设计质量对人的依赖性很大。

（2）变异型 CAPP 系统：亦称派生式 CAPP 系统。它是利用成组技术将工艺设计对象按其相似性（例如，零件按其几何形状及工艺过程相似性；部件按其结构功能和装配工艺相似性等）分类成组（族），为每一组（族）对象设计典型工艺，并建立典型工艺库。当为具体对象设计工艺时，CAPP 系统按零件（部件或产品）信息和分类编码检索相应的典型工艺，并根据具体对象的结构和工艺要求，修改典型工艺，直至满足实际生产的需要。

（3）创成型 CAPP 系统：它是根据工艺决策逻辑与算法进行工艺过程设计的，它是从无到有自动生成具体对象的工艺规程。创成式 CAPP 系统工艺决策时不需人工干预，由计算机程序自动完成，因此易于保证工艺规程的一致性。但是，由于工艺决策随制造环境的变化而变化，因此，对于结构复杂、多样的零件，实现创成型 CAPP 系统非常困难。

（4）综合式 CAPP 系统：它是将派生式、创成式和交互式 CAPP 的优点集于一体的系统。目前，国内很多 CAPP 系统采用这类模式。

（5）CAPP 专家系统：它是一种基于人工智能技术的 CAPP 系统，也称智能型 CAPP 系统。专家系统和创成式 CAPP 系统都以自动方式生成工艺规程，其中创成式 CAPP 系统是以逻辑算法加决策表为特征的，而专家系统则是以知识库加推理机为特征的。

CAPP 类型和设计方法很多，但从国内的普遍情况来看，以派生式为基础的 CAPP 设计方法较为适用，其主要原因是正在开展或准备推行 CAPP 的工厂大都为几十年以上的老厂，产品种类比较固定，发展方向明确，并在多年的生产中积累了一定数量的切实可行的、稳定的产品工艺，在此基础上，通过整理和完善，可制定出派生式 CAPP 系统需要的产品典型工艺和确定各工艺要素的规则知识。

目前，一些开发部门为了追求商品化软件或软件产品，在创成式 CAPP 和 CAPP 专家系统还不能满足实用化要求的情况下，重点转向开发完全人机交互填写方式的 CAPP 系统，就像填写工艺卡片一样的系统。这类系统的特点是提供各种窗口和 Windows 的增删、修改功能，用户直接采用填写（或修改已生成的工艺文件）方式进行工艺设计。CAPP 系统需要频繁处理各种类型的工艺信息，数据量大且结构复杂。合理的数据库结构设计是保证系统准确性和提高工作效率的重要条件。以填写方式为主的人机交互型的 CAPP 系统的数据库设计大多过于简单而欠合理，没有充分利用关系数据库的优点，造成数据重复、冗余，增加数据库的开销和日后数据维护的负担，降低工作速度。而且过分依赖使用者的工艺设计水平，产生的工艺数据参差不齐、维护困难，难以保证工艺信息正确、可靠，使工艺数据库陷入混乱甚至崩溃状态。

尽管世界各国推出了许多面向不同对象、面向不同应用，采用不同方式，基于不同制造环境的 CAPP 系统，但是综合比较和分析结果表明，这些类型繁多的 CAPP 系统，其基本构成是基本不变的，即包括零件信息的描述（输入）、工艺设计数据知识库、工艺自动决策模块等部分。

三、CAM 技术

CAM 是计算机辅助制造的简称，是一项利用计算机帮助人们完成有关产品制造工作的技术。计算机辅助 CAM 有狭义的和广义的两个概念。

CAM 的狭义概念指从产品设计到加工制造之间的一切生产准备活动，包括 CAPP、NC 编程、工时定额的计算、生产计划的制订、资源需求计划的制订等。CAM 的狭义概念甚至更进一步缩小为 NC 编程的同义词。CAM 的广义概念不仅包括上述 CAM 狭义定义所包含的所有内容，还包括制造活动中与物流有关的所有过程，即加工、装配、检验、存储、输送的监视、控制和管理。

按计算机与制造系统是否与硬件接口联系，CAM 可以分为直接应用和间接应用两大类。

（1）CAM 的直接应用：计算机通过接口直接与制造系统连接，用以监视、控制、协调制造过程。主要包括以下几个方面：

物流运行控制：根据生产作业计划的生产进度信息控制物料的流动。

生产控制：随时收集和记录物流过程的数据，当发现工况（如完工的数量、时间等）偏离作业计划时，即予以协调与控制。

质量控制：通过现场检测随时记录质量数据，当发现偏离或即将偏离预定质量指标时，向工序作业发出命令，予以校正。

（2）CAM 的间接应用：计算机不直接与制造系统连接，离线工作，用计算机支持车间的制造活动，提供制造过程和生产作业所需的数据和信息，使生产资源的管理更有效。

主要包括：计算机辅助工艺规程设计、计算机辅助 NC 程序编制、计算机辅助工装设计、计算机辅助作业计划。

四、CAD/CAM 技术

CAD / CAM 系统由硬件系统和软件系统两部分组成。其中软件系统主要包括以下几方面：

其一，系统软件。用于实现计算机系统的管理、控制、调度、监视和服务等功能，是应用软件的开发环境，有操作系统、程序设计语言处理系统、服务性程序等。系统软件的目的就是与计算机硬件直接联系，提供用户方便，扩充用户计算机功能，合理调度计算机硬件资源、提高计算机的使用效率。

其二，管理软件。负责 CAD/CAM 系统中生成的各类数据的组织和管理，通常采用数据库管理系统进行管理，是 CAD/CAM 软件系统的核心。

其三，支撑软件。它是 CAD/CAM 的基础软件，包括工程绘图、三维实体造型、曲面造型、有限元分析、数控编程、系统运行学与动力学模拟分析等方面的软件，它是以系统软件为基础，用于开发 CAD/CAM 应用软件所必需的通用软件。目前市场上出售的大部分软件是支撑软件。

其四，应用软件。它是用户为解决某种应用问题而编制的一些程序，为各个领域专用。一般由用户或用户与研究机构在系统软件与支撑软件的基础上联合开发。

（1）CAD/CAM 系统集成：CAD/CAM 的系统集成就是把 CAD、CAE、CAPP、NCP，以至 PPC（生产计划与控制）等功能不同的软件结合起来，统一组织各种信息的提取、交换、共享和处理，保证系统内信息流的畅通，协调各个系统的运行。最显著特点是与生产管理和质量管理有机地集成在一起，通过生产数据采集和信息流形成一个闭环系统。

CAD/CAM 系统集成包括三个方面：CAD 系统网和 CAM 系统网互联；CAIVCAM 系统双向数据共享与集成；与 PDMS（产品数据管理系统）集成。其中，PDMS 是 CAD/CAM 集成的核心，通过 PDMS 可以实现 CAD/CAM 的数据共享与集成。

（2）CAD/CAM 系统的主要功能：

①三维产品设计功能：三维曲面造形，包括从曲线到曲面丰富的建模手段。它可将设计信息用特征术语来描述，使实体模型的生成准确快捷，整个设计过程直观简单。造形的具体形式有直接造形、测量数据造形以及通过形体数据转换完成造形等。直接造形是指直接利用软件造形、编辑工具直接创造任意复杂形体；测量数据造形读入通过对实物扫描、测量得到的产品形体数据，生成三维造形；形体数据转换可以由第三方提供的其他 CAD 软件的产品造形数据，通过接口读入软件，转为 CAM 造形数据。

通过曲面模型生成真实感图，可直观显示设计结果。基于实体的精确特征造形技术，使曲面与实体融合，形成统一的曲面实体复合造形模式。可实现曲面裁剪实体、曲面生成实体、曲面约束实体等混合操作，是用户设计产品的有力工具。在文字处理方面备有字库，一般都提供多种字体，同时可使用系统字库，为用户选用不同字体提供了广阔的选择空间。还具备用户建立自己的图形库的功能。

②快速高效的数控加工功能：通用的 CAD/CAM 软件包括从两轴到五轴的数控铣床功能、数控车床、钻床、线切割机和加工中心的加工功能。利用快速高效的加工功能，针对数控加工设备，可以在软件提供的多种工艺参数中任意定义、选取和搭配，直接拾取造型中需要加工的部分，以便生成多样的数控加工轨迹。产生适用于各种车削、铣削、钻孔、线切割、加工中心以及雕刻加工的程序。通用后置处理器还可以对多种类型的数控机床加工轨迹数据文件进行处理，直接生成数控加工所需的不同格式的加工代码。

③加工仿真与代码校核：仿真功能对加工前的程序进行最后检验。在实际加工之前，可通过加工轨迹仿真，在计算机上模拟显示加工全过程。刀具轨迹仿真手段可以检查数控代码的正确性，展示加工零件的截面，显示可能出现的干涉，避免人为因素的判断失误。对于已有的数控代码也可以通过代码反读功能将数控代码转换成图形显示的加工轨迹，真实仿真切削结果，节省机床调试时间，减少刀具磨损和机床清理工作。

④丰富流行的数据接口：由于 CAD/CAM 的发展非常迅速，系统种类繁多，对同一类数据存在着多种数据格式。这给不同系统之间的综合以及与 CAPP、PDM 集成造成极大不便。为此，一个开放的设计 / 加工系统应该提供丰富的数据接口，包括基于曲面的 DXF 和 IGES 标准图形接口，基于实体的 SAT、X-T、X-B，面向快速成型设备的 SLT 以及面向 INTERNET 和虚拟现实的 VRML 接口等。这些接口使各种流行的 CAD 软件能够进行双向数据交换，使企业可以跨平台和跨地域与合作伙伴实现虚拟产品的开发和生产。

21 世纪，高科技迅猛发展并广泛应用，先进制造技术成为当前制造业发展的重要技术保证。而 CAD / CAPP / CAM 集成技术作为先进制造技术的核心技术，它的发展与应用也就成为一个国家科技进步和工业现代化的重要标志。随着全球市场日趋一体化，市场竞争更加激烈、产品更新换代更加快速、产品性能价格比越来越高，世界上许多国家和企业都开始把发展 CAD/CAM 技术确定为本国制造业的发展战略，制定了一系列的措施，推动 CAD / CAM 集成技术的开发与应用。

第五节　工业机器人及其应用

一、工业机器人概念

工业机器人是机器人家族中的重要一员，也是目前在技术上发展最成熟、应用最多的一类机器人。虽然世界各国对工业机器人的定义不尽相同，但其内涵基本一致。国际标准化组织对工业机器人给出了具体的定义：机器人具备自动控制及可再编程、多用途功能，机器人操作机具有三个或以上的可编程轴，在工业自动化应用中，机器人的底座可固定也可移动。

工业机器人一般由两大部分组成：一部分是机器人执行机构，也称作机器人操作机，它完成机器人的操作和作业；另一部分是机器人控制器，它主要完成信息的获取、处理、作业编程、规划、控制以及整个机器人系统的管理等功能。机器人控制器是机器人中最核心的部分，机器人性能的优劣主要取决于控制系统的品质。当然，机器人要想进行作业，除去机器人以外，还需要相应的作业机构及配套的周边设备，这些与机器人一起形成了一个完整的工业机器人作业系统。

迄今为止，典型的工业机器人仅实现了人类胳膊和手的某些功能，所以机器人操作机也称作机器人手臂或机械手，一般简称为机器人。但是，随着科技的进步，很多机器人外观上已远远脱离了最初仿人型机器人和工业机器人所具有的形状，更加符合各种不同应用领域的特殊要求，其功能和智能程度也大大增强，从而为机器人技术开辟出更加广阔的发展空间。

二、工业机器人的应用

机器人由于其作业的高度柔性和可靠性、操作的简便性等特点，满足了工业自动化高速发展的需求，被广泛应用于汽车制造、工程机械、机车车辆、电子和电器、计算机和信息以及生物制药等领域。我国从应用环境出发，将机器人分为两大类，即工业机器人和特种机器人。所谓工业机器人就是面向工业领域的多关节机械手或多自由度机器人。而特种机器人则是除工业机器人之外的、用于非制造业并服务于人类的各种先进机器人，包括服务机器人、水下机器人、娱乐机器人、军用机器人、农业机器人、机器人化机器等。在特种机器人中，有些分支发展很快，有独立成体系的趋势，如服务机器人、水下机器人、微操作机器人等。下面将对它们分别做简单的介绍。

（1）典型的工业机器人：典型的工业机器人主要有弧焊机器人、点焊机器人、装配机器人和涂装机器人，它们是工业中最常用的机器人类型。

①弧焊机器人：弧焊机器人的应用范围很广，除汽车行业之外，在通用机械、金属结构等许多行业中都有应用。弧焊机器人应是包括各种焊接附属装置在内的焊接系统，而不只是一台以规划的速度和姿态携带焊枪移动的单机。一个典型的弧焊机器人系统，它主要包括三大部分：机器人操作机、机器人控制器和焊接系统。

②点焊机器人：汽车工业是点焊机器人一个典型的应用领域。一般装配每台汽车车体需要完成3000~4000个焊点，而其中的60%是由机器人完成的。在有些大批量汽车生产线上，服役的机器人台数甚至高达150台。引入机器人会取得下述效益：改善多品种混流生产的柔性；提高焊接质量；提高生产率；把工人从恶劣的作业环境中解放出来。今天，机器人已经成为汽车生产行业的支柱装备。现在点焊机器人正在向汽车行业之外的电机、建筑机械等行业逐步普及。

③装配机器人：水平多关节型机器人是装配机器人的典型代表。手爪安装在手部前端，负责抓握物体，相当于人手的功能，事实上用一种手爪很难适应形状各异的工件。通常按抓取对象的不同需要设计其手爪。最近开始在一些机器人上配备各种可换手，以增加通用性。手爪主要有电动手爪和气动手爪两种形式。

装配机器人进行装配作业时，除机器人主机、手爪、传感器外，零件供给装置和工件搬运装置也至关重要。无论从投资额的角度还是从安装占地面积的角度，它们往往比机器人主机所占的比例大。周边设备常由可编程控制器控制，此外一般还要有台架、安全栏等。

④喷涂机器人：喷涂机器人广泛用于汽车车体、家电产品和各种塑料制品的喷涂作业。与其他用途的工业机器人比较，喷涂机器人在使用环境和动作要求上的特点是：工作环境包含易爆的喷涂剂蒸气；沿轨迹高速运动，途经各点均为作业点；多数被喷涂件都搭载在传送带上，边移动边喷涂，所以它需要一些特殊性能。

喷涂机器人通常有液压喷涂机器人和电动喷涂机器人两类。

除此之外，工业机器人还有一些其他的类型，如搬运机器人、水切割机器人、激光加工（切割、焊接及表面处理）机器人、检查和测量机器人、真空机器人以及移动式搬运机器人等。这些机器人进一步丰富和发展了机器人技术，同时也拓展了机器人应用领域，并且这些新的机器人和应用领域具有更广阔的发展前景。

（2）特种机器人：

①水下机器人：21世纪是海洋世纪，海洋占整个地球总表面的71%，无论从政治、经济还是军事角度看，人类都要进一步扩大开发和利用具有丰富资源的海洋。水下机器人作为一种高技术手段，在海洋开发和利用中扮演重要角色，其重要性不亚于宇宙火箭在探索宇宙空间的作用。

水下机器人是一种可在水下移动、具有视觉和感知系统、通过遥控或自主操作方式、使用机械手或其他工具代替或辅助人去完成水下作业任务的装置。目前，投入使用的遥控水下机器人中有半数以上被用于完成水下，观察使命。水下机器人，也称水下无人潜水器（UUV）。

目前水下机器人广泛应用在民用和军事领域，以及在海洋、内湖环境下的各类水下工程作业。民用方面主要是海洋科学考察，深海矿藏开采，海洋石油钻井平台作业，海底管线的铺设和检查，水下结构物的检查和维修、救助和打捞，水电站、大坝的检查和维修，水下施工的辅助作业，养殖业资源调查和娱乐用等。军用方面主要是援潜救生，打捞沉船，打捞有经济、战略价值的沉物，水下军事设施的建设，水下危险物的排除，大范围水下搜索及侦察，协助潜水员作业，长距离作战武器，水雷对抗及通信电缆埋设、维修等。其中最成功的商业化应用是在海洋石油工业中，利用机器人进行钻井平台的检修、维护和抢修，这类水下机器人必须携带机械手才能完成预定的工作。

②服务机器人：所谓服务机器人是一种以自主或半自主方式运行，能为人类健康提供服务的机器人，或者是能对设备运行进行维护的一类机器人。根据这个定义，装备在非制造业的工业机器人也可以看作服务机器人。服务机器人往往是可以移动的，在多数情况下，服务机器人有一个移动平台。

典型的服务机器人有医疗机器人、个人服务机器人、工程机器人和极限作业机器人等。

医疗机器人是指辅助或代替人类医生进行医疗诊治及护理的机器人。医疗机器人有多种类型，如医疗外科机器人、X 射线介入性治疗机器人、无损伤诊断与检测微小型机器人、人工器官移植与植入机器人、康复与护理机器人等。目前研究和应用较多的是医疗外科手术机器人。医疗外科机器人在提高手术质量，减少手术创伤，缩短病人的恢复周期，降低病人和医院的开支等方面带来一系列的技术变革，也将改变传统医疗外科的许多概念，将对新一代手术设备的开发与研制、对医学的进步产生深远的影响。从世界机器人的发展趋势看，用机器人辅助外科手术将成为一种必然趋势。

个人服务机器人通常是指在医院、家庭、疗养院及康复中心等对残疾人、老人提供各种帮助的机器人，以及代替人进行家务劳动的机器人。如英国 Mike Topping 公司从 1987 年开始研制一种称为 Handy1 的机器人，它能为患有脑瘫、运动神经元疾病、脑卒中、肌营养不良等疾病的残疾人和意外事故的受伤者提供多种服务，如帮助他们就餐、洗脸、刮脸、刷牙和化妆。瑞典 Huaqvarna AB 公司开发的“The Solar Mower”自主式草坪除草机是一种替代人从事除草劳动的家务服务机器人。这种除草机靠太阳能电池供电，开始工作时，它总是随机地选择一个方向开始移动，每当它碰到一个障碍或接收到限制电缆信号后，就改变方向。这种随机但连续地运行，使除草机一直不停地工作，直到整个草坪都被处理，并且除草机在无人照顾下可以连续工作几个星期。为了防止小偷，还可以在机器人除草机中设置一个密码，只有在输入正确的密码后，机器人才开始有序地工作。如果不知道密码的人试图停止或偷走它，一个内置的报警器将发出报警声。

工程机器人通常是指在室外或野外代替人从事施工、建筑等作业的机器人。这类机器人是在传统的工程机械基础上发展而来的，有时也称为机器人化机器。也许从外观上看不出机器人化工程机械与传统工程机械的区别，但它是在传统工程机械基础上结合了机器人技术的一种智能机器，工作效率更高，作业质量更好，改善操作性能，降低操作者劳动强度和操作技术等级等，如压路机器人、隧道凿岩机器人、自动摊铺机、自动多向高架无轨堆垛机等。

极限作业机器人是指代替人到人不能去或不适宜去的环境中进行作业的机器人，这些环境通常包括高温、高压、有毒、放射性、深水、高空等。人在这些环境中作业所能容忍的条件是有一定限度的，超过这些限度，就会危及人的生命。

③空间机器人：空间机器人是指在大气层内、外从事各种作业的机器人，包括在内层空间飞行并进行观测、可完成多种作业的飞行机器人，到外层空间其他星球上进行探测作业的星球探测机器人和在各种航天器里使用的机器人。

④微机器人：微机器人是微机械的重要分支之一，是微机械发展的高级形式。微操作机器人是以亚微米、纳米运动定位技术为核心，在较小空间中进行精密操作作业的装置，可以应用于生物显微操作、微电子制造、纳米加工等领域，将对21世纪人类生产和生活方式产生革命性影响，对国民经济建设和国防事业有重要的意义。

微机器人与传统的大型机器人相比具有以下特点：能够进入窄小的空间中进行检测、维护等作业；能够实现微小尺寸水平上的精确定位；批量生产成本一般较低。

如果按使用途径分类，微机器人大体可分为管道机器人、平面移动机器人、水下机器人三类。随着将来技术的进步，对应于机器人的大小及用途也许会有明确的区别，例如用在消化道中移动的小型机器人，在微细血管中移动的微机器人，分散于体内与有害细菌作战的纳米机器人。但是到目前为止，实际开发的这类机器人几乎还是具有数毫米到数厘米大小的尺寸。

第七章　自动化技术的主要应用

自动化技术的发展已经深入国民经济和人民生活的各个方面。在日常生活中，通过应用自动化技术，各种家用电器提高了性能和寿命。在工业生产中，各种机器设备都随着自动化技术的应用和自动化水平的提高，使其在生产过程中发挥了更好的作用，提高了产品的产量和质量。

在科学实验仪器、教育教学设备、广播通信设备和医疗卫生设备中，自动化技术也提高了这些仪器设备的使用效率，方便了操作者的使用。由于自动化技术在方方面面都有应用，本章不可能面面俱到，所以下面着重介绍自动化技术在工业上的一些主要应用。

第一节　机械制造自动化

机械制造自动化主要包括金属切削机床的控制、焊接过程的控制、冲压过程的控制和热处理过程的控制等。过去机械加工都是由手工操作或由继电器控制的，随着自动控制技术和计算机的应用，慢速传统的操作方式已经逐渐被计算机控制的自动化生产方式所取代，下面就是机械制造自动化的一些主要方面。

一、金属切削过程的自动控制

金属切削机床包括常用的车床、铣床、刨床、磨床和钻床等，过去都是人工手动操作的，但是手动操作无法达到很高的精度。随着自动化技术和计算机的应用，为了提高加工精度和成品率，人们研制出了数控机床，这是自动化技术在机械制造领域的最典型应用。根据电弧熔化材料的原理，电熔磨削数控机床是专门用于加工有色金属，以及其他超黏、超硬、超脆和热敏感性高的特殊材料的一种机床。它解决了一些采用传统的车、铣、刨等加工方法不能满足加工要求的问题，是一种新型复合多用途磨削机床。由于机床在电熔放电加工时，电流非常大，以致达到数百、数千安培，所产生的电磁波辐射会严重地干扰控制系统。因此，机床中采用了抗干扰系列的可编程控制器 PLC 作为机床的控制核心，以保证电熔磨削数控机床能够正常工作，达到有关国家标准。机床运动控制系统主要由以下几部分组成：

（一）放电盘驱动轴的控制

机床在电熔放电加工过程中，工件是卡在头架上以某一速度转动的，放电盘与工件是处于非接触状态，而且两者间需要保持一定线速度的相对运动，才能保证加工过程正常进行，因此，放电盘驱动电机的转速可以随工件头架驱动电机的转速的变化来变化，这个控制是由可编程控制器 PLC 来完成的。根据旋转编码器测量到的头架电机的速度信号 PLC 来调整变频器的输出驱动频率，从而保证了驱动放电盘的变额电机能以要求的速度平稳运行。

（二）头架电机转速的控制

为了保证工件的加工精度，工件在转动时，它的加工点需要保持恒定的线速度。因此，头架驱动电机的转速是根据被加工工件的直径由 PLC 系统自动控制的。驱动信号是由 PLC 发出的，经过 D/A 转换到变频器，最后到达了驱动头架的变频电机。

（三）工作台运动控制

工作台的纵向运动（Y 轴）由直流伺服电动机驱动。系统要求其移动速度最快能达到每分钟 4m。

由于机床采用了计算机数字控制，方便了加工工件的参数设定，提高了机床运行的安全系数，保证了设备应用的可靠性，使生产安全、稳定和可靠。总的说来，数控机床性能稳定、质量可靠、功能完善，具有较高的性能价格比，在市场中具备强有力的竞争能力。

二、焊接和冲压过程的自动控制

焊接自动化主要是由自动化焊机，也就是机器人配合焊缝跟踪系统来实现的，这可以大幅度地提高焊接生产率、减少废料和返修工作量。为了最大限度地发挥自动焊机的功能，通常需要自动焊缝跟踪系统。典型的焊缝跟踪系统原来是通过电弧传感的机械探针方式工作的，这种类型的跟踪系统需要手动输入信息，操作者不能离开。机械探针式系统对于焊接薄板、紧密对接焊缝和点固焊缝时，无能为力。此外，探针还容易损坏导致废料或者返修。

新一代的产品是激光焊缝跟踪系统，它是在成熟的激光视觉技术的基础上，应用于全自动焊接过程中高水平、低成本的传感方式。它将易用性和高性能结合在一起，形成了全自动化的焊接过程。激光传感器也能在强电磁干扰等恶劣的工厂环境中使用。由激光焊缝跟踪和视觉产品配合的焊接自动化系统，已经在航天、航空、汽车、造船、电站、压力容器、管道、螺旋焊管、铁路车辆、矿山机械以及兵器工业等行业都得到了广泛的应用。

三、热处理过程的自动控制

近年随着自动控制技术的发展，计算机数字界面的功能、可靠性和性价比不断提高，在工业控制的各个环节的应用都得到了很大的发展。传统的工业热处理炉制造厂家，在工业热处理炉的电气控制上，大多还是停留在采用过去比较陈旧的控制方式；在配置上，如

温度控制表 + 交流接触器 + 纸式记录仪 + 开关按钮

这样的控制方式自动化程度低、控制精度低、生产过程的监控少、工业热处理炉本身的档次低。但是，由计算机数字控制的热处理炉系统，使工业热处理炉的性能得到了显著的提高。计算机数字控制系统一般是 32 位嵌入式系统，由人机界面、现场网络、操作系统和组态软件等部分构成。它适用于工业现场环境，安全可靠，可以广泛应用于生产过程设备的操作和数据显示，与传统人机界面相比，突出了自动信息处理的特点，并增加了信息存储和网络通信的功能。

采用包括计算机人机界面的自动控制系统，可以取代温度记录仪，利用人机界面自带的硬盘可以进行温度数据长时间的无纸化记录，而且记录通道可以比记录仪多得多；与 PLe 模拟量模块共同组成温度控制系统，可以取代温度控制仪表，进行处理温度的设定显示和过程的 PID 控制；可以取代大部分开关按钮，在人机界面的触摸屏上就可以进行不同的控制操作。采用由人机界面组成的自动控制系统，还有以下普通控制系统无法比拟的优点：①热处理炉的各个运行状态都可以在人机界面的彩色显示屏上进行动态模拟；②可以利用人机界面的组态软件的配方功能进行工艺控制参数的设置、选择和监控；③具有网络接口的人机界面可以通过网线连接到工厂的计算机系统，实现生产过程数据的远程集中监控。

第二节　过程工业自动化

过程工业是指对连续流动或移动的液体、气体或固体进行加工的工业过程。过程工业自动化主要包括炼油、化工、医药、生物化工、天然气、建材、造纸和食品等工业过程的自动化。过程工业自动化以控制温度、压力、流量、物位（包括液位、料位和界面）、成分和物性等工业参数为主。

一、对温度的自动控制

工业过程中常用的温度控制，主要包括以下几种情况：

（一）加热炉温度的控制

在工业生产中，经常遇到由加热炉来为一种物流加热，使其温度提高的情况，如在石油加工过程中，原油首先需要在炉子中升温。一般加热炉需要对被加热流体的出口温度进行控制。控制原理：当出口温度过高时，燃料油的阀门就会适当地关小；如果出口温度过低，燃料油的阀门就会适当地开大。这样按照负反馈原理，就可以通过调节燃料油的流量来控制被加热流体的出口温度了。

（二）换热过程的温度控制

工业上换热过程是由换热器或换热器网络来实现的。通常换热器中一种流体的出口温度需要控制在一定的温度范围内，这时对换热器的温度控制系统就是必需的。只要调节换热器一侧流体的流量，就会影响换热器的工作状态和换热效果，这样就可以控制换热器另一侧流体的出口温度了。

（三）化学反应器的温度控制

工业上最常见的是进行放热化学反应的釜式化学反应器，这时调节夹套中冷却水的出口流量，就可以根据负反馈原理来控制反应釜中的温度了。

（四）分馏塔温度的控制

在炼油和化工过程中，分储塔是最常见的设备，也是最主要的设备之一，对分储塔的控制是最典型的控制系统。在分储塔的塔顶气相流体经过冷凝之后，要储存在回流罐之中，分循塔的温度控制就是利用回流量的调节来实现的。

二、对压力的自动控制

工业过程中常用的压力控制，主要包括以下几种情况。

（一）分馏塔压力的控制

分储塔的压力是受塔顶气相的冷凝量影响的，塔顶气相的冷凝量可以由改变冷却水的流量来调节。这样分储塔的压力就可以由调节冷却水的流量来控制了。

（二）加热炉炉膛压力的控制

加热炉的压力是保证加热炉正常工作的重要参数，对加热炉压力的控制是通过调节加热炉烟道挡板的角度来实现的。

（三）蒸发器压力的控制

工业上常见到对蒸发器压力的控制，通常最多是使用蒸汽喷射泵来得到一个比大气压还低的低气压，就是工程上常说的真空度。因此，对蒸发器的压力控制也称为对蒸发器真空度的控制。这时所控制的绝对压力在 0~1 个大气压。

第三节　电力系统自动化

电力系统的自动化主要包括发电系统的自动控制和输电、变电、配电系统的自动控制及自动保护。发电系统是指把其他形式的能源转变成电能的系统，主要包括水电站、火电厂、核电站等。电力系统自动控制的目的就是为了保证系统平时能够工作在正常状态下，在出现故障时能够及时正确地控制系统按正确的次序进入停机或部分停机状态，以防止设备损坏或发生火灾。下面简单介绍火力发电厂和输电、变电、配电系统的自动控制和自动保护。

一、火力发电厂的生产过程

热电厂中的锅炉可以是燃煤锅炉、燃油锅炉或燃气锅炉。由锅炉产生的蒸汽经过加热成为过热蒸汽，然后送到汽轮发电机组中发电。由汽轮机出来的低压蒸汽还要经过冷凝塔，冷却成水再循环利用。由发电机产生的交流电经过升压变压器升压后送到输变电网。

二、锅炉给水系统的自动控制

在热电厂里，主要的控制系统包括对锅炉的控制、对汽轮机的控制和对发电电网方面的控制。对锅炉给水系统的控制是由典型的三冲量控制系统来完成的。所谓三冲量控制，就是要将蒸汽流量、给水流量和汽包液位综合起来考虑，把液位控制和流量控制结合起来，形成复合控制系统。

第四节　飞行器控制

飞行器包括飞机、导弹、巡航导弹、运载火箭、人造卫星、航天飞机和直升飞机等，其中飞机和导弹的控制是最基本和最重要的，这里只介绍飞机的控制系统。

一、飞机运动的描述

飞机在运动过程中是由6个坐标来描述其运动和姿态的，也就是飞机飞行时有6个自由度。其中3个坐标是描述飞机质心的空间位置的，可以是相对地面静止的直角坐标系的XYZ坐标，也可以是相对地心的极坐标或球坐标系的极径和2个极角，在地面上相当于距离地心的高度和经度纬度。另外，3个坐标是描述飞机的姿态的，其中，第一个是表示机头俯仰程度的仰角或机翼的迎角；第二个是表示机头水平方向的方位角，一般用偏离正北的逆时针转角来表示，这两个角度就确定了飞机机身的空间方向；第三个叫倾斜角，就是表示飞机横侧向滚动程度的侧滚角。当两侧翅膀保持相同高度时，倾斜角为0。

二、对飞机的人工控制

飞机的人工控制就是驾驶员手动操纵的主辅飞行操纵系统。这种系统可以是常规的机械操纵系统，也可以是电传控制的操作系统。人工控制主要是针对六方面进行控制的。

（1）驾驶员通过移动驾驶杆来操纵飞机的升降舵（水平尾翼），进而控制飞机的俯仰姿态。当飞行员向后拉驾驶杆时，飞机的升降舵就会向上转一个角度，气流就会对水平尾翼产生一个向下的附加升力，飞机的机头就会向上仰起，使迎角增大。若此时发动机功率不变，则飞机速度相应减小。反之，向前推驾驶杆时，则升降舵向下偏转一个角度，水平尾翼产生一个向上的附加升力，使机头下俯、迎角减小，飞机速度增大。这就是飞机的纵向操纵。

（2）驾驶员通过操纵飞机的方向舵（垂直尾翼）来控制飞机的航向。飞机做没有侧滑的直线飞行时，如果驾驶员蹬右脚蹬时，飞机的方向舵向右偏转一个角度。此时气流就会对垂直尾翼产生一个向左的附加侧力，就会使飞机向右转向，并使飞机做左侧滑。相反，蹬左脚蹬时，方向舵向左转，使飞机向左转，并使飞机做右侧滑。这就是飞机的方向操纵。

（3）驾驶员通过操纵一侧的副机翼向上转和另一侧的副机翼向下转，而使飞机进行滚转。飞行中，驾驶员向左压操纵杆时，左翼的副翼就会向上转，而右翼的副翼则同时向下转。这样，左侧的升力就会变小而右侧的升力就会变大，飞机就会向左产生滚转。当向右压操纵杆时，右侧副具就会向上转而左侧副翼就会向下转，飞机就会向右产生滚转。这就是飞机的侧向操纵。

（4）驾驶员通过操纵伸长主机翼后侧的后缘襟翼来增大机翼的面积，进而提高升力。

（5）驾驶员通过操纵伸展主机翼后侧的翘起的扰流板（也叫减速板），来增大飞机的飞行阻力，进而使飞机减速。

（6）驾驶员通过操纵飞机的发动机来改变飞机的飞行速度。

第五节　智能建筑

1984 年，在美国康涅狄格州哈特福德市建成了一座名叫城市广场的建筑，这就是第一座智能建筑。智能建筑是应用计算机技术、自动化技术和通信技术的产物，它有许多显著的特点。主要包括：①楼宇自动化系统；②办公自动化系统；③通信自动化系统；④综合布线系统；⑤防火监控系统；⑥安保自动化系统。这里我们只介绍其中三个特点。

一、楼宇自动化系统

楼宇自动化系统（BAS）的任务是使建筑物的管理系统智能化。它所管理的范围包括电力、照明、给水、排水、暖气通风、空调、电梯和停车场的部分。通过计算机的智能化管理，使各部分都能够高效、节能地工作，使大厦成为安全舒适的工作场所。楼宇自动化系统是计算机智能控制和智能管理在日常生活中的重要应用，它体现了计算机化的智能管理，可以节省人力、物力，方便了人们的使用和记录，实现了智能报警、自动收费和自动连锁保护。例如，在电力系统中，可以对变压器的工作状态进行有效监管；在照明系统中，可以由计算机设定照明时间，在空调和暖气系统中，由计算机管理系统的启动和运行；在停车场的管理中，可以进行防盗监视、多点巡视和自动收费等。

二、办公自动化系统和通信自动化系统

办公自动化系统（OAS）和通信自动化系统（CAS）都是针对信息加工和处理的，其基本特点就是利用计算机、网络和传真的现代化设施来改善办公的条件，在此基础上，使得信息的获取、传输、存储、复制和处理更加便捷。在办公和通信自动化中，电话是最早使用的，但是在应用计算机之前，电话都是靠继电器和离散电路交换的，没有使用程序控制的交换机，电话的总数就受到限制。在程序控制电话的基础上，数字传真技术是远距离传送的，不仅可以是声音信息，也可以是图形文字信息。这就使所传输信息的准确程度又提高了一步。但是用传真手段来传送信息在接收和发送两端还离不开纸张介质。

计算机网络的推广使用就使信息的传输摆脱了纸张介质，直接在计算机硬盘之间进行了通信。光纤通信具有传输数据量大、频带宽等特点，特别适合多路传送数据或图形，它的使用是通信领域里的一场新的革命。电子邮件可以准确快速地传输各种数据文件或

图形文件。应用连接计算机的打印机可以使文件编辑修改在屏幕上进行，相对于手工打字就提高了自动化程度，而复印机的应用实现了多份拷贝直接产生，省去了通过蜡纸印刷的麻烦。

办公自动化中的另一重要部分就是数据库系统，是办公时做任何决定都必不可少的决策支持系统。财务管理系统、人事管理系统和物资设备管理系统是计算机应用的重要组成部分，它们借助于强大的软件功能使信息的处理更加便捷，使查阅修改更加方便，使大量的信息可以快速地提供给决策者。

三、防火监控系统

防火监控系统（FAS）包括火灾探测器和报警及消防联动控制。

火灾探测器常用的有以下 5 种：

（1）离子感烟式探测器。这种探测器是用放射性元素镅作为放射源，用其放射的 β 射线使电离室中空气电离成为导体，这时可以根据在一定电压下离子电流的大小获知空气中含烟的浓度。

（2）光电感烟式探测器。这种探测器又分头光式和反光式两种；头光式的测量原理是依靠测量含烟空气的透明程度，来获知空气中含烟的浓度的；反光式则是依靠测量空气中烟尘的反光程度来获知含烟浓度的。

（3）感温式探测器。这种探测器就是测量空气是否达到一定的温度，达到了则报警；测温元件有热电阻式的、热电耦式的、双金属片式的、半导体热敏电阻式的、易熔金属式的、空气膜盒式的等。

（4）感光式探测器。这种探测器又分红外式和紫外式两种，红外式的是使用红外光敏元件（如硫化铅、硒化铅或硅敏感元件等）来测量火焰产生的红外光辐射；紫外式的是使用光电管来测量火焰发出的紫外光辐射。

（5）可燃气体探测器。这种探测器又分为热催化式、热导式、气敏式和电化学式，共 4 种，热催化式的是利用钳丝的发热使可燃气体反应放热，再测量钳丝电阻的变化来获知可燃气体的浓度的；热导式是利用钳丝测量气体的导热性来获知可燃气体的浓度；气敏式是通过半导体的电阻气敏性来测量可燃气体的浓度；电化学式是通过气体在电解液中的氧化还原反应来测量可燃气体的浓度。

第六节　智能交通运输系统

智能交通系统是把先进电子传感技术、数据通信传输技术、计算机信息处理技术和控制技术等综合应用于交通运输管理领域的系统。

一、交通信息的收集和传输

智能交通系统不是空中楼阁，也不是仿真系统，而是实实在在的信息处理系统，所以它就必须有尽量完善的信息收集和传输手段。交通信息的收集方式有很多种，常用的包括电视摄像设备、车辆感应器、车辆重量采集装置、车辆识别和路边设备以及雷达测速装置等。其中，电视摄像设备主要收集各路段车辆的密集程度，以供交通信息中心决策之用；车辆重量采集装置一般是装在路面上，可以判定道路的负荷程度；车辆识别和路边设备，可以收集车辆所在位置的信息；雷达测速装置，可以收集汽车的速度信息。所有这些信息都要送到交通信息处理中心，信息中心不仅要存有路网的信息，还要存有公共交通的路线的信息等，这样才能使信息中心良好地工作。

二、交通信息的处理系统

在庞大的道路交通网上，交通的参与者有几万，甚至几十万，其中包括步行、骑自行车、乘公交车（包括地铁和轻轨）、乘出租车或自己驾车，道路上的情况瞬息万变。人们经常会遇到由于交通事故或意外事件造成的堵车，如何使路口的信号系统聪明起来，能够及时处理信息和思考呢？即能够快速探测到事故或事件，并快速响应和处理，将会大大减少由此造成的堵车困扰。智能交通监控系统就是为此开发的，它使道路上的交通信息与交通相关信息尽量完整和实时；交通参与者、交通管理者、交通工具和道路管理设施之间的信息交换实时和高效；控制中心对执行系统的控制更加高效；处理软件系统具备自学习、自适应的能力。

交通信息的处理系统就是将交通状态信息和交通工程原始信息进行数据分析加工，从而输出交通对策。所谓路线诱导数据，就是指各路段的连接关系，根据这些关系可以做交通行为分析，进而做参数分析，交通行为分析就是分析各个车辆所行走的路线，这样就为计算宏观交通状况分析提供了数据。根据交通流量、密度和路段分时管理信息可以做出交通流量分析，进而为动态交通分配提供数据，根据路网路况信息和排放量数据可以做环境负荷分析。由交通流量、密度和交通流量分析的结果可以做动态交通分配，进而可以做出各时间交通量的预测。根据车辆移动数据、环境负荷分析和参数分析的结果，可以做出宏观交通状况分析。根据这些数据分析，最后就可以得出各种交通对策。这些交通对策包括交通诱导、道路规划、交通监控、环境对策、收费对策、信息提供和交通需求管理等。

三、大公司开发的智能交通系统

智能交通系统，在它的发展过程中设备的技术进步是决定的因素，如果只有先进的思路而没有先进的设备，这样产生的系统必然是落后过时的。所以智能交通系统的各个分系统或子系统，都首先在大公司酝酿并产生了。它们的指导思路是首先融合信息、指挥、控制及通信的先进技术和管理思想，综合运用现代电子信息技术和设备，密切结合交通管理指挥人员的经验，使交通警察和交通参与者对新系统的开发提出看法和意见，这样集有线 / 无线通信、地理信息系统、全球定位系统、计机网络、智能控制和多媒体信息处理等先进技术于一体，就是所希望开发的实用系统，其中，一些分系统或子系统如下：

（1）交通控制系统；

（2）交通信息服务系统；

（3）物流系统；

（4）轨道交通系统；

（5）高速公路系统；

（6）公交管理系统；

（7）静态交通系统；

（8）ITS 专用通信系统。

交通视频监控系统是公安指挥系统的重要组成部分，它可以提供对现场情况最直观的反映，是实施准确调度的基本保障。重点场所和监测点的前端设备将视频图像以各种方式（光纤、专线等）传送至交通指挥中心，进行信息的存储、处理和发布，使交通指挥管理人员对交通违章、交通堵塞、交通事故及其他突发事件做出及时、准确的判断，并相应调整各项系统控制参数与指挥调度策略。

多种交通信息的采集、融合与集成以及发布是实现智能交通管理系统的关键。因此，建立一个交通集成指挥调度系统是智能交通管理系统的核心工作之一。它使交通管理系统智能化，实现了交通管理信息的高度共享和增值服务，使得交通管理部门能够决策科学、指挥灵敏、反应及时和响应快速；使交通资源的利用效率和路网的服务水平得到大幅度提高；有效地减少汽车尾气排放，降低能耗，促进环境、经济和社会的协调发展和可持续发展；也使交通信息服务能够惠及千家万户，让交通出行变得更加安全、舒适和快捷。

智能交通系统又是公安交通指挥中心的核心平台，它可以集成指挥中心内交通流采集系统、交通信号控制系统、交通视频监控系统、交通违章取证系统、公路车辆监测记录系统、122 接管处理系统、GPS 车辆调度管理系统、实时交通显示及诱导系统和交通通信系统等各个应用系统，将有用的信息提供给计算机处理，并对这些信息进行相关处理分析，判断当前道路交通情况，对异常情况自动生成各种预案，供交通管理者决策，同时可以将相关交通信息向公众发布。

第七节　生物控制论及信息处理

生物控制论是控制论的一个重要分支，同时它又属于生物科学、信息科学及医学工程的交叉科学。它研究各种不同生物体系统的信息传递和控制的过程，探讨它们共同具有的反馈调节、自适应的原理及改善系统行为，使系统具有稳定运行的机制。它是研究各类生物系统的调节和控制规律的科学，并形成了一系列的概念、原理和方法。生物体内的信息处理与控制是生物体为了适应环境，求得生存和发展的基本问题。不同种类的生物、生物体各个发展阶段，以及不同层次的生物结构中，都存在信息与控制问题。

之所以研究生物系统中的控制现象，是因为生物系统中的控制过程同非生物系统中的控制过程很多都是非常类似的，而生物体中控制系统又是每个都有其各自特点的，这些特点在人类设计自己需要的控制系统时，非常有借鉴作用。从系统的角度来说，生物系统同样也包含着采集信息部分、信息传输部分、处理信息并产生命令的部分和执行命令的部分。所不同的是在生物体中，这些工作都是由生物器官来完成的。例如，生物体中对声音、光线、温度、气压、湿度等的感觉就是由特定的感觉器官来完成的，这些信息又通过神经纤维传输的神经中枢进行信息处理并产生相应的命令，最后这些命令送到各自的执行器官去执行。这就是生物系统的闭环控制过程。

当前该学科研究比较热门的问题是神经系统信息加工的模型与模拟、生物系统中的非线性问题、生物系统的调节与控制、生物医学信号与图像处理等。近年来，理解大脑的工作原理已成为生物控制论的新热点，其中，关键是揭示感觉信息，特别是视觉信息在脑内是如何进行编码、表达和加工的。大脑在睡眠、注意和思维等不同的脑功能状态下的模型与仿真问题，特别是动态脑模型，以及学习、记忆与决策的机理都是很热门的问题。关于大脑意识是如何产生的，它的物质基础是什么，也已吸引许多科学家着手进行研究。

人工神经元网络也可称为连接模型，是对人脑或生物神经元细胞网络的抽象模拟。人工神经元网络主要是从对人脑的研究中借鉴并发展起来的。它以人脑的生理研究成果为基础，模拟大脑的某些机理和机制，从而实现信息处理方面的功能。神经网络研究专家 Hecht-Nielsen 给人工神经元网络的定义："人工神经元网络是由人工建立的，以有向图为拓扑结构的动态系统，它通过对连续或断续的输入做状态进行信息处理。"在人工神经元的研究中，早在 1943 年就出现了黑格学习算法，后来不断有人做这方面的研究，力求在蓬勃发展的指令式计算机之外，再走出一条同步并行计算的信息处理道路，经过不断努力，并取得了一些成果，如 Rosenblatt 提出了感知器（Perceptron）模型。但在 20 世纪 80 年代始终进展缓慢。之后进入一段快速发展时期，出现了一些有实用价值的研究成果，如多层网络的误差反向传播（BP）学习算法、自组织特征映射、Hopfield 网络模型和自适应共振理论等。

第八节　社会经济控制

一、系统动力学模型

社会经济控制是以社会经济系统模型为基础的，社会经济系统的模型是以系统动力学方法建立的，它是研究复杂的社会经济系统动态特性的定量方法。这种方法是由美国麻省理工学院的福雷特教授在 20 世纪 50 年代创立的，是借鉴机械系统的动力学基本原理创立的。机械系统的动力学就是根据推动力和定量惰性之间的关系来建立运动的动态方程式，进而来研究机械系统的动态特性、速度特性以及各种波动的调节方法。系统动力学方法则是以反馈控制理论为基础，来建立社会系统或经济系统的动态方程或动态数学模型，再以计算机仿真为手段来进行研究。这种方法已成功地应用于企业、城市、地区和国家，甚至世界规模的许多战略与决策等分析中，被誉为社会经济研究的战略与决策实验室。这种模型从本质上看是带时间滞后的一阶差分或微分方程，由于建模时借助于流图，其中，积累、流率和其他辅助变量都具有明显的物理意义，因此可以说是一种预告和实际对比的建模方法。系统动力学虽然使用了推动力、出入流量、存储容量或惰性惯量这些概念，可以为经济问题和社会问题建立动态的数学模型，但是为各个单元所建立的模型大多为一阶动态模型，具有一定的近似性，加上实际系统易受人为因素的影响，所以对经济系统或社会系统的动态定量计算的精度都不是很高。

系统动力学方法与其他模型方法相比，具有下列特点：

（1）适用于处理长期性和周期性的问题。如自然界的生态平衡、人的生命周期和社会问题中的经济危机等都呈现周期性规律，并需通过较长的历史阶段来观察，已有不少系统动力学模型对其机制作出了较为科学的解释。

（2）适用于对数据不足的问题进行研究。在社会经济系统建模中，常常遇到数据不足或某些数据难以量化的问题，系统动力学借助各要素间的因果关系及有限的数据及一定的结构仍可进行推算分析。

（3）适用于处理精度要求不高的、复杂的社会经济问题。上述情况经常是因为描述方程是高阶非线性动态的，应用一般数学方法很难求解。系统动力学则借助于计算机及仿真技术仍能算出系统的各种结果和现象。

1. 因果反馈

如果事件 A（原因）引起事件 B（结果），那么 AB 间便形成因果关系。

若 A 增加引起 B 增加，称 AB 构成正因果关系；若 A 增加引起 B 减少，则为负因果关系。两个以上因果关系链首尾相连构成反馈回路，也分为正、负反馈回路。

2. 积累

积累这种方法是把社会经济状态变化的每一种原因看作一种流，即一种参变量，通过对流的研究来掌握系统的动态特性和运动规律。流在节点的累积量便是“积累”，用以描述系统状态，系统输入、输出流量之差为积累“流率”表述流的活动状态，也称为决策函数，积累则是流的结果。

任何决策过程均可用流的反馈回路描述。

3. 流图

流图由积累、流率、物质流及信息流等符号构成，直观形象地反映系统结构和动态特征。

二、系统动力学模型的应用举例

（一）中等城市经济的系统动力学模型及政策调控研究

系统动力学模型能全面和系统地描述复杂系统的多重反馈回路、复杂时变以及非线性等特征，能很好地反映区域经济系统对宏观调控政策的动态效果及敏感程度；能有效地避免事后控制所带来的经济震荡。采用系统动力学这一定性分析与定量分析综合集成的方法，在利用区域经济学、计量经济学、数理统计等有关理论和方法对一个城市经济系统进行系统研究的基础上，建立该城市经济系统动力学模型，并进行政策模拟，可提供一些有益的政策建议。

（1）揭示了区域经济系统及其 7 个子系统（工业经济、农业生态、环境、人口、交通通信、能源电子以及商业服务业）间的相互联系、相互影响、相互作用的内在机理；

（2）模型在结构、行为模式等方面与现实具有较好的一致性；

（3）对各种备选方案进行比较选优，发挥系统动力学应用的政策实验室的作用；

（4）针对系统动力学的独特优势与不足，探讨弥补这些不足的措施和途径。

（二）区域经济的系统动力学研究

运用系统动力学的定性与定量相结合的分析方法和手段，解决区域经济系统中长期存在的问题，并提供政策和建议，具有重大的推广应用价值。在技术原理及性能上具有如下特点：

（1）区域经济系统及其子系统都是具有多重反馈结构的复杂时变系统，因此采用一般的定量分析方法难以全面、系统地反映这一复杂系统，难以把握区域经济系统及其子系统的宏观调控过程，以及在此过程中的动态反应效果及敏感程度，以致容易引起事后控制所带来的经济震荡。

（2）在充分研究区域经济系统的基础上，可提供区域经济系统及其子系统之间相互联系、相互作用和相互影响的机制。

（3）利用系统动力学方法建立区域经济系统及其子系统的系统动力学模型，对模型的结构、行为及模型的一致性、适应性等进行验证，以确保模型的合理性。

第九节　大系统控制和系统工程

一、大系统的建模

大系统一般是高维的复杂系统，也就是说，在这样的系统里，独立变量的个数相当多，并且它们之间的关系错综复杂。

（1）由于系统内各变量之间的关系错综复杂，大系统常常具有以下特性：

①子系统性，即大系统内部可能包括许多子系统。

②非线性，即系统有时会表现出严重的非线性特性。

③高阶性，即描述整个或部分系统的微分方程包含许多高阶导数项。

④时变性，即系统的参数有时是随时间变化的。

⑤关联性，即对系统进行控制时，系统内的各种严重耦合使解耦变得非常困难。大系统一般多是来自实际的问题，比如来自社会、环境、电力、运输、能源、通信、企业、经济以及行政机构等。

（2）大系统研究的主要问题：

①大系统的建模。

②大系统的可控性和稳定性研究；

③大系统的优化控制；

④对大系统的分级控制。

建立系统的数学模型是研究系统的常用方法之一。一般建立数学模型时，最好先将系统分解成各个部分或子系统，然后再根据系统各个部分所遵守的数学或物理关系来建立数学模型。对于每一部分，建模之前首先要确定建模的用途，因为一个模型不可能适合于各种用途。还要做好边界的划分，找出边界内部的状态变量和经过边界的扰动变量。常用的物理关系有能量守恒定律、动量守恒定律、质量守恒定律或连续性方程，涉及电学的可能要用到库仑定律、欧姆定律、基尔霍夫定律、法拉第定律或麦克斯韦方程，在涉及化学反应的系统中要考虑化学平衡、组分平衡和相平衡。

以上这些建模都是机理模型。集结法是一种常用建模方法，它的思路就是由系统或子系统中各个中间变量之间的静态或动态映射关系，来推导出输入、输出变量之间的静态或动态关系。通过试验数据可以建立各种数据模型。

二、大系统的控制

大系统的控制主要有递阶控制、分散控制和分段控制，其中分段控制可以是按时间分段也可以是按功能分段。当大系统可以按层次划分成比较明确的许多子系统或分系统时就可以使用递阶控制，也就是对每个子系统分别控制作为底层，然后再把相关的子系统组织起来形成各个第二阶子系统，并在各个第二阶子系统内进行协调控制，这样逐层的递阶控制直到把整个系统都控制起来。

大系统常用的第二种控制方案就是分层控制结构，这种结构可以体现决策过程中包含的复杂性。在这种控制方案中，控制任务是按层分配的。最内层是调节层，它所调整的是大系统的状态。第二层是优化层，它的作用是优化系统状态的期望值。第三层是自适应层，它的作用是找出系统参数发生的变化以确定调节器参数的变化。最外层是自组织层，它的作用是根据系统的变化，找出对应模型结构的变化，进而为自适应层、优化层和调节层的变化算出确定的变化量。

三、系统工程

系统工程所包括的范围主要是系统建模、系统分析、系统设计、系统优化和系统规划等。其所处理的系统不仅包括科学和工程领域中的系统，还包括社会领域和经济领域的系统等。系统的建模前面我们已经讲过，系统分析的方法有归纳法和演绎法两种，可以用其中的一种方法，也可以把两种方法结合起来。

系统分析的第一步就是要收集整理资料，要收集有关被分析系统的尽量多的信息，掌握更多的资料。在这些信息资料的基础上，就要为系统建模建立数学模型、逻辑模型或其他模型，之后就要对系统进行优化。最后就是要对结果给出合理的评价。对系统的模型进行优化时，首先要确定优化的目标函数，然后再选择优化的算法。对系统的优化有时需要进行单目标优化，有时需要进行多目标优化。一般做单目标优化时，大多设计成使用优化算法求目标函数的极小值。如做多目标优化，在优化过程中要判断各个目标所围成的区域，并在区域内部或边缘上找到优化点。选择优化算法时，静态优化常用的算法有最速下降法、蒙特卡洛法、遗传算法、进化算法、模拟退伙算法和蚁群算法等，动态的优化有变分法、动态规划法和极大值原理等。

第八章　机械自动化制造系统技术方案

自动化制造系统技术方案的制订是在综合考虑被加工零件种类、批量、年生产纲领和零件工艺特点的基础上，结合工厂实际条件，包括工厂技术条件、资金情况、人员构成、任务周期、设备状况等约束条件，建立生产管理系统方案。

第一节　自动化制造系统技术方案的制定

一、自动化制造系统技术方案的内容

自动化制造系统技术方案包括如下几方面内容：

（1）根据加工对象的工艺分析，确定加工工艺方案。

（2）根据年生产纲领，核算生产能力，确定加工设备品种、规格及数量配置。

（3）按工艺要求、加工设备及控制系统性能特点，对国内外市场可供选择的工件输送装置的市场情况和性能价格状况进行分析，最后确定工件输送及管理系统方案。

（4）按工艺要求、加工设备及刀具更换的要求，对国内外市场可供选择的刀具更换装置的类型做综合分析，最后确定刀具输送更换及管理系统方案。

（5）按自动化制造系统目标、工艺方案的要求，确定必要的清洗、测量、切削液的回收、切屑处理及其他特殊处理设备的配置。

（6）根据自动化制造系统目标和系统功能需求，结合计算机市场可供选择的机型及其性能价格状况，以及本企业已有资源及基础条件等因素，综合分析确定系统控制结构及配置方案。

（7）根据自动化制造系统的规模、企业生产管理基础水平及发展目标，综合分析确定数据管理系统方案。如果企业准备进一步推广应用 CIMS 技术，则统筹规划配置商用数据库管理系统是合理的，也是必要的。

（8）根据控制系统的结构形式、自动化制造系统的规模及企业技术发展目标，综合分析确定通信网络方案。

二、确定自动化制造系统的技术方案时需要注意的问题

1. 必须坚持走适合我国国情的自动化制造系统发展道路

在规划和实施自动化制造系统过程中，必须针对我国的实际情况，绝不能生搬硬套国外的模式。就我国制造业的整体水平来看，与工业发达国家尚有较大差距，主要表现如下：

（1）自动化程度低。工业发达国家已普及制造自动化技术，并朝着以计算机控制的柔性化、集成化、智能化为特征的更高层次的自动化阶段发展，而我国制造企业的自动化水平相对较低。

（2）企业管理方式落后。一些工业发达国家已十分普遍地应用了企业资源计划、准时生产等现代管理技术和系统，进入了广泛应用计算机辅助生产管理的阶段。同时，各种新的生产模式、组织与管理方式不断涌现，出现了诸如并行工程、精益生产、敏捷制造等新模式。而我国大多数企业尚未建立起现代科学管理体系，全面实施计算机辅助生产管理的企业更少。在这种管理现状下，采用自动化制造系统经常会遇到基础数据标准化程度低，数据残缺不全等问题。

（3）职工素质有待提高。一些企业的职工，甚至高层管理人员，在普及现代高科技和管理技术时思想观念还较陈旧。

以上是影响采用自动化制造系统的不利因素。规划自动化制造系统时，必须扬长避短，采用适合国情和厂情的战略和措施。

2. 始终保持需求驱动、效益驱动的原则

采用自动化制造，只有真正解决企业的“瓶颈”问题，使企业收到实效，才会有生命力。

3. 加强关键技术的攻关和突破

在自动化制造系统实施过程中必然会遇到许多技术问题，在这种情况下要集中优势兵力突破关键技术，才能使系统获得成功。

4. 重视管理

既要重视管理体制对自动化制造系统实施的影响，也要加强对实施自动化制造系统工程本身的管理。只有二者兼顾，自动化制造系统的实施才会成功。

5. 注重系统集成效益

如果企业还要发展应用 CIMS，那么自动化制造系统只是 CIMS 的一个子系统，除了自动化制造系统本身优化外，CIMS 的总体效益最优才是最终目标。

6. 注重教育与人才培训

采用自动化制造系统技术要有雄厚的人力资源作为保障，因此，只有重视教育，加强对工程技术人员及管理人才的培训，才能使自动化制造系统充分发挥应有的作用。

第二节　自动化加工工艺方案涉及的主要问题

一、自动化加工工艺的基本内容与特点

（一）自动化加工工艺方案的基本内容

随着机械加工自动化程度的发展，自动化加工的工艺范围也在不断扩大。自动化加工工艺的基本内容包括大部分切削加工，如车削、钻削、滚压加工等；还有部分非切削加工也能实现自动化加工，如自动检测、自动装配等工艺内容。

（二）自动化加工工艺方案的特点

（1）自动化加工中的毛坯精度比普通加工要求高，并且在结构工艺性上要考虑适应自动化加工需要。

（2）自动化加工的生产率比采用万能机床的普通加工一般要高几倍至几十倍。

（3）自动化加工中的工件加工精度稳定，受人为影响因素小。

（4）自动化加工系统中切削用量的选择，以及刀具尺寸控制系统的使用，是以保证加工精度、满足一定的刀具耐用度、提高劳动生产率为目的的。

（5）在多品种、小批量的自动化加工中，在工艺方案上考虑以成组技术为基础，充分发挥数控机床等柔性加工设备在适应加工品种改变方面的优势。

二、实现加工自动化的要求

加工过程自动化的设计和实施应满足以下要求：

1. 提高劳动生产率

提高劳动生产率是评价加工过程自动化是否优于常规生产的基本标准，而最大生产率建立在产品的制造单件时间最少和劳动量最小的基础上。

2. 稳定和提高产品质量

产品质量的好坏，是评价产品本身和自动加工系统是否有使用价值的重要标准。产品质量的稳定和提高是建立在自动加工、自动检验、自动调节、自动适应控制和自动装

配水平的基础上的。

3. 降低产品成本和提高经济效益

产品成本的降低，不仅能减轻用户的负担，而且能提高产品的市场竞争力，而经济效益的增加才能使工厂获得更多的利润、积累资金和扩大再生产。

4. 改善劳动条件和实现文明生产

采用自动化加工必须符合减轻工人劳动强度、改善职工劳动条件、实现文明生产和安全生产的标准。

5. 适应多品种生产的可变性及提高工艺适应性程度

随着生产技术的发展，以及人们对设备的使用性能和品种的要求的提高，产品更新换代加快，因此自动化加工设备应具有足够的可变性和产品更新后的适应性。

三、成组技术在自动化加工中的应用

成组技术就是将企业生产的多种产品、部件和零件按照特定的相似性准则（分类系统）分类归类，并在分类的基础上组织产品生产的各个环节，从而实现产品设计、制造工艺和生产管理的合理化。成组技术是通过对零件之间客观存在的相似性进行标识，按相似性准则将零件分类归簇来达到上述目的的。零件的工艺相似性包括装夹、工艺过程和测量方式的相似性。

在上述条件下，零件加工就可以采用该组零件的典型工艺过程，成组可调工艺装备（刀具、夹具和量具）来进行，不必设计单独零件的工艺过程和专用工艺装备，从而显著减少了生产准备时间和准备费用，也减少了重新调整的时间。

采用成组技术不仅可使工件按流水作业方式生产，且工位间的材料运输和等待时间以及费用都可以减少，并简化了计划调度工作，在流水生产条件下，显然易于实现自动化，从而提高了生产率，降低了成本。

必须指出的是，在成组加工条件下，形状、尺寸及工艺路线相似的零件，合在一组在同一批中制造，有时会出现某些零件早于或迟于计划日期完成，从而使零件库存费用增加的情况，但这个缺点在制成全部成品时就可能排除。

（一）成组技术在产品设计中的应用

通过成组技术可以将设计信息重复使用，不仅能显著缩短设计周期和减少设计工作量，同时还为制造信息的重复使用创造了条件。

成组技术在产品设计中的应用，不仅是零件图的重复使用，其更深远的意义是为产品设计标准化明确了方向，提供了方法和手段，并可获得巨大的经济效益。以成组技术为基础的标准化是促进产品零部件通用化、系列化、规格化和模块化的杠杆，其目的如下:

（1）产品零件的简化，即用较少的零件满足多样化的需求。

（2）零件设计信息的多次重复使用。

（3）零件设计为零件制造的标准化和简化创造了前提。

根据不同情况，可以将零件标准化分成零件主要尺寸的标准化、零件中功能要素配置的标准化、零件基本形状标准化、零件功能要素标准化乃至整个零件是标准件等不同的等级，按实际需要加以利用，进一步在设计标准化的基础上实现工艺标准化。

（二）成组技术在车间设备布置中的应用

中小批生产中采用的传统“机群式”设备布置形式，由于物料运送路线的混乱状态，增加了管理的困难，如果按零件组（族）组织成组生产，并建立成组单元，机床就可以布置为“成组单元”形式。这样，物料流动直接从一台机床到另一台机床，不需要返回，既方便管理，又可将物料搬运工作简化，并将运送工作量降至最低。

（三）成组调整和成组夹具

回转体零件实现成组工艺的基本原则是调整的统一。如在多工位机床上加工时（如转塔车床、自动车床），调整的统一是夹具和刀具附件的统一，即采用相同条件下用同一套刀具及附件加工一组或几个组的零件。由于回转体零件所使用的夹具形式和结构差别不大，较易做到统一。因此，用同一套刀具及其附件是实现回转体零件成组工艺的基本要求。由于数控车削中心的进步及完善，在数控车削中心很容易实现回转体零件的成组工艺。

非回转体零件实现成组工艺的基本原则之一是零件必须采用统一的夹具，即成组夹具。成组夹具是可调整夹具，即夹具的结构可分为基本部分（夹具体、传动装置等）和可调整部分（如定位元件、夹紧元件）。基本部分对某一零件组或同类数个零件组都适用不变。

当加工零件组中的某个零件时，只需要调整或更换夹具上的可调整部分，即调整和更换少数几个定位或夹紧元件，就可以加工同一组中的任何零件。

现有夹具系统中，通用可调整夹具、专业化可调整夹具、组合夹具等均可作为成组夹具使用。采用哪一种夹具结构，主要根据批量的大小、加工精度的高低、产品的生命周期等因素决定。

通常，零件组批量大、加工精度要求高时都采用专用化可调整夹具，零件组批量小时可采用通用可调整夹具和组合夹具，如产品生命周期短则适合用组合夹具。

综上所述，基于成组技术的制造模式与计算机控制技术相结合，为多品种、小批量的自动化制造开辟了广阔的前景。因此，成组技术被称为现代制造系统的基础。

在自动化制造系统中采用成组技术的作用和效益主要体现在以下几个方面：

（1）利用零件之间的相似性进行归类，从而扩大了生产批量，可以以少品种、大批量生产的生产率和经济效益实现多品种、中小批量的自动化生产。

（2）在产品设计领域，提高了产品的继承性和标准化、系列化、通用化程度，大大减少了不必要的多样化和重复性劳动，缩短了产品的设计研制周期。

（3）在工艺准备领域，由于成组可调工艺装备（包括刀具、夹具和量具）的应用，大大减少了专用工艺装备的数量，相应地也减少了生产准备时间和费用。减少了由于工件类型改变而引起的重新调整时间，不仅降低了生产成本，也缩短了生产周期。

第三节 工艺方案的技术经济分析

工艺方案是确定自动化加工系统的工艺内容、加工方法、加工质量及生产率的基本文件，是进行自动化设备结构设计的重要依据。工艺方案的正确与否，关系到自动化加工系统的成败。所以，对于工艺方案的确定必须给予足够的重视，要密切联系实际，力求做到工艺方案可靠、合理、先进。

（一）工件毛坯

旋转体工件毛坯，多为棒料、锻件和少量铸件。箱体、杂类工件毛坯，多为铸件和少量锻件，目前箱体类工件更多地采用钢板焊接件。

供自动化加工设备加工的工件毛坯应采用先进的制造工艺，如金属模型、精密铸造和精密锻造等，以提高工件毛坯的精度。

工件毛坯尺寸和表面形状允差要小，以保证加工余量均匀。工件硬度变化范围要小，以保证刀具寿命稳定，有利于刀具管理。这些因素都会影响工件的加工工序和输送方式，毛坯余量过大和硬度不均会导致刀具耐用度下降，甚至损坏，硬度的变化范围过大还会影响精加工质量（尺寸精度、表面粗糙度）的稳定。

为了适合自动化加工设备加工工艺的特点，在编制方案时，可对工件和毛坯做某些工艺和结构上的局部修改。有时为了实现直接输送，在箱体、杂类工件上要做出某些工艺凸台、工艺销孔、工艺平面或工艺凹槽等。

（二）工件定位基面的选择

工件定位基准应遵循一般的工艺原则，旋转体工件一般以中心孔、内孔或外圆以及端面或台肩面作为定位基准，直接输送的箱体工件一般以“两销一面”作为定位基准。此外，还需注意以下原则：

（1）应当选用精基准定位，以减少在各工位上的定位误差。

（2）尽量选用设计基准作为定位面，以减少由于两种基准不重合而产生的定位误差。

（3）所选的定位基准，应使工件在自动化设备中输送时转位次数最少，以减少设备数量。

（4）尽可能地采用统一的定位基面，以减少安装误差，有利于实现夹具结构的通用化。

（5）所选的定位基面应使夹具的定位夹紧结构简单。

（6）对箱体、杂类工件，所选定位基准应使工件露出尽可能多的加工面，以便实现多面加工，确保加工面间的相对位置精度，且减少机床台数。

（三）直接输送时工件输送基面

1. 旋转体工件输送基面

旋转体工件输送方式通常为直接输送。

（1）小型旋转体工件，可借其重力，在输送料道中进行滚动和滑动输送。

滚动输送一般以外圆作为支承面，两端面为限位面，为防止输送过程中工件偏歪，要注意工件限位面与料槽之间保持合理的间隙。以防工件在料槽中倾斜、卡死。此外，两端支承处直径尺寸应接近一致，并使工件重心在两支承点的对称线处，轴类工件纵向滑动输送时以外圆作为输送基面。

（2）若难以利用重力输送或为提高输送可靠性，可采用强迫输送。轴类工件以两端轴颈作为支承，用链条式输送装置输送，或以外圆作为支承从一端面推动工件沿料道输送。盘、环类工件以端面作为支承，用链板式输送装置输送。

2. 箱体工件输送基面

箱体工件加工自动线的工件输送方式有直接输送和间接输送两种。直接输送工件不需随行夹具及其返回装置，并且在不同工位容易更换定位基准，在确定设备输送方式时，应优先考虑采用直接输送。

箱体类工件输送基面一般以底面为输送面，两侧面为限位面，前后面为推拉面。当采用步进式输送装置输送工件时，输送面和两侧限位面在输送方向上应有足够的长度，以防止输送时工件偏斜。畸形工件采用抬起步进式输送装置输送时，工件重心应落在支承点包围的平面内。当机床夹具对工件输送位置有严格要求时，工件的推拉面与工件的定位基准之间应有精度要求。畸形工件采用抬起步伐式输送装置或托盘输送时，应尽可能使输送限位面与工件定位基准一致。

（四）工艺流程的编制

编制工艺流程是确定自动化设备工艺方案工作中最重要的一步，直接关系到加工系统的经济效果及其工作的可靠性。

编制工艺流程，主要解决以下两个问题：

1. 确定工件在加工系统中加工所需的工序

（1）正确地选择各加工表面的工艺方法及其工步数。

（2）合理地确定工序间的余量。

2. 安排加工顺序

在安排加工顺序时，应依据以下原则：

（1）先面后孔。先加工定位基面，后加工一般工序；先加工平面，后加工孔。

（2）粗精加工分开，先粗后精。对于同一加工表面，粗、精加工工位应拉开一段距离，以避免切削热、机床振动、残余应力以及夹紧应力对精加工的影响。重要加工表面的粗加工工序应放在前面进行，以利于及时发现和剔除废品。

（3）工序的适当集中及合理分散。这是编制工艺方案时的重要原则之一。工序集中可以提高生产率，减少加工系统的机床（工位）数量，简化加工系统的结构，从而带来设备投资、操作人员和占地面积的节约。工序集中，可以将有相互位置精度要求的加工表面，如阶梯孔、同心阶梯孔，以及平行、垂直或成一定角度的平面等，在同一台机床（工位）上加工出来，以保证几个加工面的相互位置精度。

工序集中的方法一般采用成型刀具、复合式组合刀具、多刀、多轴、多面和多工件同时加工。工序集中应以能保证工件的加工精度，加工时不超出机床性能（刚度、功率等）允许范围为前提。集中程度以不使机床的结构和控制系统过于复杂和刀具更换与调整过于困难，造成系统故障增多、维修困难、停车时间加长，从而使设备利用率降低为限度。

合理的工序分散不仅能简化机床和刀具的结构，使加工系统便于调整、维护和操作，有时也便于平衡限制工序加工的节拍时间，提高设备的利用率。

（4）工序适当单一化。镗大孔、钻小孔、攻螺纹等工序，尽可能不要安排在同一主轴箱上，以免传动系统过于复杂以及刀具调整、更换不便。攻螺纹工序最好安排在单独的机床上进行，必要时也可以安排为单独的攻螺纹工段，这样可以使机床结构简化，有利于切削液及切屑的处理。

（5）注意安排必要的辅助工序。合理安排必要的检查、倒屑、清洗等辅助性工序，对于提高加工系统的工作可靠性、防止出现成批废品有重要意义。如在钻孔和攻螺纹后对孔深进行探测。

（6）多品种加工。为提高加工系统的经济效益，对于批量不大而工艺外形、结构特点和加工部位类似的工件，可采取多品种加工工艺，如采用可调式自动线或“成组”加工自动线来适应多品种工件的加工。

（五）工序节拍的平衡

当采用自动线进行自动化加工时，其所需的工序及其加工顺序确定了以后，还可能出现各种工序的生产节拍不相符的情况。应尽量做到各个工位工作循环时间近似，平衡自动线各工序的节拍，可使各台设备最大限度地发挥生产效能，提高单台设备的负荷率。

（1）用工序分散的方法，将限制性工序分为几个工步，增加顺序加工机床数或工位数。

（2）在限制性工序增加同时加工的工件数量，将机动时间长的工序组成一个单独工段，成组多件输送，而其余各段仍是单件输送。

（3）在限制性工序增加工序相同的加工机床或工位数，来同时进行限制性工序的加工，这几台机床在自动线上可串联或并联。

（4）当工件批量较小，平衡节拍时要考虑减少机床和其他工艺装备的数量。对于工件结构对称或具有两个以上相同结构要素的工件可以采取两次（或多次）通过自动线的方式，完成全部加工工序，以达到平衡节拍的目的。

（5）可以采取把几个都较小的工序合并到一个工位（机床）上进行加工的方法，如采用移动工作台、可换箱式机床、三坐标加工单元等，来达到平衡节拍的目的。

第四节　自动化加工设备的选择与布局

一、自动化加工设备的选择

自动化加工设备的选择首先应根据产品批量的大小以及产品变形品种数量的大小确定加工系统的结构形式。

对于中小批量生产的产品，可选用加工单元形式或可换多轴箱形式；对于大批量生产，可以选用自动生产线形式。在编制加工工艺流程之后，可根据加工任务（如工件图样要求及对生产能力的要求）来确定自动机床的类型、尺寸、数量。

对于大批量生产的产品，可根据加工要求，为每个工序设计专用机床或组合机床。

对于多品种中小批量生产，可根据加工零件的尺寸范围、工艺性、加工精度及材料等要求，选择适当的专用机床、数控机床或加工中心；根据生产要求（如加工时间及工具要求，批量和生产率的要求）来确定设备的自动化程度，如自动换刀、自动换工件及数控设备的自动化程度；根据生产周期（如加工顺序及传送路线），选择物料流自动化系统形式（运输系统及自动仓库系统等）。

二、自动化加工设备的布局

自动化加工设备的布局形式是指组成自动化加工系统的机床、辅助装置以及连接这些设备的工件传送系统中，各种装置的平面和空间布置形式。它是由工件加工工艺、车间的自然条件、工件的输送方式和生产纲领所决定的。

（一）自动线的布局形式

自动线的布局形式有多种。

1. 旋转体加工自动线的布局形式

（1）贯穿式。工件传送系统设置在机床之间，特点是上下料及传送装置结构简单、装卸料、件输注时间短、布局紧凑、占地面积小，但影响工人通过、料道短、贮料有限。

（2）架空式。工件传送系统设置在机床的上空，输送机械手悬挂在机床上空的架上。机床布局呈横向或纵向排列，工件传送系统完成机床间的工件传送及上下料。这种布局结构简单，适于生产节拍较长且各工序工作循环时间较均衡的轴类零件。

（3）侧置式。工件传送系统设置在机床外侧，机床呈纵向排列，传送装置设在机床的前方，安装在地上。为了便于调整操作机床，可将输送装置截断。输送料道还同时具有贮料作用。这种布局的自动线有串联和并联两种方式。

2. 组合机床自动线的布局形式

（1）直线通过式和折线通过式。步伐式输送带按一定节拍将工件依次送到各台机床上加工，工件每次输送一个步距。工人在自动化生产线起端上料，末端卸料。

对于工位数多、规模大的自动线，直线布置受到车间长度限制，因而布置成折线式。

（2）框型。框型是折线式的封闭形式。框式布局更适用于输送随行夹具及尺寸较大和较重的工件自动化生产线，且可以节省随行夹具的返回装置。

（3）环型。环型自动化生产线工件的输送轨道是圆环形，多为中央带立柱的环型线。它不需要高精度的回转工作台，工件输送精度只需满足工件的初定位要求。环型自动线可以直接输送工件，也可借助随行夹具。对于直接输送工件的环型线，装卸料可集中在一个工位。对于随行夹具输送工件的环型线，不需要随行夹具返回装置。

（4）非通过式。非通过式布局的自动化生产线，工件输送不通过夹具，而是从夹具的一个方向送进和拉出，使每个工位可能增加一个加工面，也可增设镀模支架。非通过式自动化生产线适于由单机改装联成的自动化生产线，或工件不宜直接输送而必须吊装，以及工件各个加工表面需在一个工位加工的自动化生产线。

（二）柔性制造系统的布局

柔性制造系统的总体布局可以概括为以下几种布置原则：

1. 随机布置原则

这种布局方法是将若干机床随机地排列在一个长方形的车间内。它的缺点是很明显的：只要多于三台机床，运输路线就会非常复杂。

2. 功能原则（或叫工艺原则）

这种布局方法是根据加工设备的功能，分门别类地将同类设备组织到一起，如车削设备、控铣设备、磨削设备等。这样，工件的流动方向是从车间的一头流向另一头。这种布局方法的零件运输路线也比较复杂。

3. 模块式布置原则，这种布局方式的车间是由若干功能类似的独立模块组成，这种布局方式看来好像增加了生产能力的冗余度，但在应对紧急任务和意外事件方面有明显的优点。

4. 加工单元布置原则

采用这种布局方式的车间，每一个加工单元都能完成相应的一类产品。这种构思的产生是建立在成组技术思想基础上的。

5. 根据加工阶段划分原则

将车间分为准备加工阶段、机械加工阶段和特种加工阶段。

第五节　自动化加工切削用量的选择

1. 切削用量的选择要尽可能合理利用所有刀具，充分发挥其性能

当机床中多种刀具同时工作时，加钻头、铰刀、镗刀等，其切削用量各有特点，而动力头的每分钟进给是一样的。要使各种刀具能有较合理的切削用量，一般采用拼凑法解决，即按各类刀具选择较合理的转速及每转进给量，然后进行适当调整，使各种刀具的每分钟进给量一致。这种方法是利用中间切削用量，各类刀具都不是按照最合理的切削用量来工作的。如果确有必要，也可按各类刀具选用不同的每分钟进给量，通过采用附加机构，使其按各自需要的合理进给量工作。

2. 复合刀具切削用量选择的特点

每转进给量按复合刀具最小直径选择，以使小直径刀具有足够的强度；切削速度按复合刀具最大半径选择，以使大半径刀具有一定的耐用度。如钻铰复合刀具，进给量按钻头选择，切削速度按铰刀选择；扩校复合刀具的进给量按扩孔钻选择，切削速度按铰刀选择。而且进给量应按复合刀具小直径选用允许值的上限，切削速度则按复合刀具大

直径选用允许值的上限。值得注意的是，由于整体复合刀具往往强度较低，所以切削用量应选得稍低一些。

3. 同一主轴上带有对刀运动的镗孔主轴转速的选择

在确定键孔切削速度时，除考虑要求的加工表面粗糙度、加工精度、镗刀耐用度等问题外，当各镗孔主轴均需要对刀时（在链杆送进或退出时，镗刀头需处于规定位置），各镜孔主轴转速一定要相等或者成整数倍。

4. 在选择切削用量时，应注意工件生产批量的影响

在生产率要求不高时，应选择较低的切削用量，以免增加刀具损耗。在大批量生产中，组合机床要求有较高的生产率，也只是提高那些“限制性”工序刀具的切削用量，对于非限制性工序刀具仍应选用较低的切削用量。

在提高限制性刀具切削用量时，还必须注意不能影响加工精度，也不能使限制性刀具的耐用度过低。

5. 在限制切削用量时，还必须考虑通用部件的性能

如所选的每分钟进给量一般要高于动力滑台允许的最小进给量，这在采用液压驱动的动力滑台时更加重要，所选的每分钟进给量一般应较动力滑台允许的最小值大 50%。

总之，必须从实际出发，根据加工精度、加工材料、工作条件和技术要求进行分析，考虑加工的经济性，合理选择切削用量。

第九章 制造业信息化技术

第一节 制造业信息化概述

1. 制造业信息化含义：在传统制造企业中，信息的产生、传递、复制和存储的主要形式是图样、文件、报表和各种会议，信息传递的过程是不连续的、缓慢而经常中断的，没有形成连续的信息流。这种情况导致了管理层次和部门众多，机构重叠，各自为政，效率低下。

以互联网为代表的信息和网络技术的广泛应用，将导致制造企业的产品开发。业务流程、管理体制和生产模式的根本性变革，信息化将为大势所趋，并将给企业带来巨大的经济效益。

制造业信息化是以信息化带动工业化为突破口，将信息技术、自动化技术、现代管理技术与制造技术相结合，改善制造企业的经营、管理、产品开发和生产等各个环节提高生产效率、产品质量和企业的创新能力，降低消耗，带动产品设计方法和设计工具的创新、企业管理模式的创新、制造技术的创新，从而实现产品设计制造和企业管理的信息化，全面提升我国制造业的竞争力。

企业的生产、销售和服务包括物流、能量流和信息流，其中信息流是最活跃的，物流和能量流是在信息流的指挥下运动的。制造业信息化将提高信息流的速度和品质，将准确的信息及时传递给需要的人，改变传统的业务流程和工作方法，减少环节和管理层次，提高效率，降低成本，加快资金周转，从而带来明显的经济效益。

从发展战略的角度看，制造业信息化不是技术决策，而是企业迎接制造全球化挑战的战略决策，是企业家不断进取和创新精神的体现，是企业利润的新源泉。只有信息产业与传统制造产业的完全融合，信息化才能带动工业化。

制造业信息化是一个过程，是制造企业从经营、生产、管理和产品开发的实际需求出发量力而行实现信息化的过程，在我国，其总体目标是缩小制造业在信息化方面与发达国家的差距，提升中国制造业在加入世贸组织以后的国际竞争力。通过实施制造业信息化工程，一是要突破一批重大关键技术，形成一批有自主知识产权和市场竞争力的新产品；二是要建立一批制造业信息化应用的示范企业和示范区域，并通过辐射和扩散效应，提升整个制造业的核心竞争力，使我国制造业信息化整体水平与发达国家的差距从现在的15年左右缩短为10年以内；三是要培育一批制造业信息化软件企业和制造业信息化咨询服务公司，建立技术支撑体系；四是要培养造就一大批人才，形成一支推进制造业信息化的基本队伍。

2. 企业信息化内容

企业信息化是指利用电子信息技术，实现企业经营、生产、管理和产品开发的自动化、集成化、智能化，让自动化的工具不仅代替人的体力劳动，而且还代替或者部分代替人的脑力劳动。

企业信息化的内容大体上可以分为两大部分：

一是制造过程信息化，也就是产品设计和生产过程的自动化，实际上属于工业化范畴，主要目标是利用计算机辅助设计、生产、测量、监控等手段和工具，通过制造过程信息的处理达到设计和生产的自动化。

二是管理的信息化，也就是经营和管理的自动化，是自动化概念的进一步扩展，主要目标是利用计算机辅助决策、管理的手段和工具，通过对经营和管理过程的信息处理达到企业经营、计划、管理等的自动化和智能化。

具体说来，企业信息化就是让企业按照计算机集成制造的原则组织企业的基本活动。在企业的基本活动中，物质流、信息流、价值流（资金流）“三流”贯穿全部。在“三流”中信息流起主要控制作用。企业人员在进行经营、生产、设计、采购、销售等活动时，应该以信息流作为依据。信息流记录了物质流和资金流的运动情况，因此掌握了信息流就掌握了物质流和资金流的运动情况。信息流又是联系物质流和资金流的纽带，通过对信息流的观察，我们不仅可以了解物质流和资金流的运动情况，而且能够发现它们的规律和内在联系。控制信息流可以达到控制物质流和资金流的目的。所以，企业信息化就是要把物理和化学加工过程转变为信息处理过程，通过信息流来控制、优化物质流和资金流。

集成是信息化的核心。在企业信息化工程中，集成是一个关键的概念。通俗地说，集成是指使一个整体的各部分之间能彼此有机结合和协调工作，以发挥整体效益，达到整体优化。集成的要点是整体性，对于信息集成而言就是要求信息共享。集成是把企业联成整体的技术方案。集成有十分丰富的内涵，其基础工作首先是计算机联网，然后是信息集成和数据共享。这些工作的完成只表明物理连接完成和信息已经沟通，不等于说企业信息化获得成功，也不一定能使企业运行达到优化。企业信息化还必须关注人的集成、组织机构的集成、技术和管理的集成，这就是说，企业信息化不仅要考虑计算机应用的问题，还必须考虑企业文化、思想观念、组织机构、运行模式等问题。

3. 企业信息的采集

把生产制造过程转化为信息处理过程，首先要研究如何定义和采集信息。这个问题与企业的主要信息来源有关，应该根据信息的来源决定信息的定义和采集方案。企业信息主要涉及以下四类：现场信息；管理信息；工程信息；社会信息。在实际信息系统中，上述四类信息交织在一起。下面简单介绍一下它们的采集。

①现场信息的采集：现场信息是指在产品生产过程中产生的物理、化学、生产进度、物料输送、零件加工产品质量等方面的数据。现场信息对生产过程控制和产品质量影响很大。

②管理信息的采集：在企业信息化工程中，企业管理信息的采集是最关键、最基础的工作。企业的管理信息系统是实现了局部信息集成的软件系统，一般把它称为制造资源计划（MRPU）或者企业资源计划（ERP）。设计这样的软件系统是一件相当复杂的工作，必须由专业人员才能完成。对大多数企业而言，没有必要自己组织力量来开发这样的系统。但是，在购买商品化管理软件的前提下，企业信息化仍然有很多工作要做。所以管理信息的采集是个比较复杂的过程。

③工程信息的采集：工程信息是指在产品设计和产品工艺设计中产生的数据。工程信息分为两大类：零件数据和工艺数据。零件数据包括总体信息（如零件名称图号、材料等）、结构形状、尺寸、公差、表面粗糙度、加工精度、处理要求等，这些信息在零件设计时由设计人员利用 CAD 系统定义。产品和零件设计完成后，工艺设计人员再根据这些信息，制定零件的加工过程和部件与产品的装配过程。

④社会信息的采集：过去，企业主要通过个人活动，如社会调查、参加行业活动、走访用户等，了解市场和社会信息，然后决策者凭经验和直觉进行判断和决策。这种决策方法在市场范围比较狭窄、变化比较缓慢、竞争不十分激烈的情况下成功的可能性比较大。

4. 企业信息的传输

①信息传输系统组成：为了实现信息传输，必须具备三个条件，称为通信三要素，即信源、信道和信宿。信源是信息的发送者，信道是信息的传送媒体，信宿是信息的接收者。

根据传输媒体的类型，信道可分为有线信道和无线信道。有线信道的传输媒体为导线，1 对（2 条）导线构成一个有线信道。有线信道的特点是信号沿导线传输，能量相对集中，因此具有较高的可靠性、安全性和传输效率。架空明线、电缆、光缆等都可以作为有线信道的传输媒体。无线信道的传输媒体为自由空间，发送方（信源）使用高频发射机和定向天线发射信号，接收方（信宿）通过接收天线和接收机接收信号。无线信道的特点是信号相对分散、传输效率低、安全性较差。

②信息传输方式：根据组成字符的各位是否同时传输，可将编码在信源与信宿之间的传输分为并行传输和串行传输两种方式。

并行传输是指组成字符的各个位同时传输，因此速度高，一次可传输 1 个字符。缺点是通信成本高，每一位的传输要求一个单独信道支持；由于信道之间的电容感应，在远距离传输时，可取性低。并行传输是针对同一字符的各位而言，字符与字符之间仍然是串行传输。

串行传输是将组成字符的各个位一个接一个地发往对方。与并行传输相比，串行传输的速度低，但是通信成本也低。目前，计算机网络中的数据传输均采用串行传输。

③信息的网络传输：从技术的角度看，计算机网络是以共享资源（硬件、软件和数据等）为目的而对计算机实施的互联。计算机网络是信息传输的基础设施。网络的信息传输方式基本上分为两大类：有线传输和无线传输。有线传输使用的媒体主要为双绞线、同轴电缆和光缆。无线传输的媒体为大气层，使用的技术包括微波、红外线和激光。

网络的信号传输技术可以分为基带传输和宽带传输两种。基带传输是保持数据信号的原样进行传输的技术。此时的数据信号为电子脉冲或者光脉冲。一般说来，数据信号会随着传输距离的增加而减弱，随着频率的增加而容易发生畸变。因此，基带传输不适用于高速和远距离传输，除非传输媒体的性能很好，如光纤。宽带传输是采用调制的方法，以连续的电磁波信号来传输数据信号的方法。与基带传输相比较，宽带传输可以提供较高的传输速率和较强的抗干扰能力。

第二节　制造企业生产计划与管理

1. 业务流程重组

①业务流程重组的特点：业务流程重组就是对企业的业务流程进行根本性的再思考和彻底的再设计，从而获得可以用诸如成本、质量、服务和效率等方面的业绩来衡量的巨大成就。

BPR 关注企业发展的核心问题，如企业要做什么、为什么要做、怎样去做、别人会如何做等。通过对这些问题的思考，企业可能发现自己赖以生存或者运转的前提是过时的，甚至是错误的。这就意味着企业要改变自己。BPR 认为改变必须追根溯源，对现状不是做表面的修饰或者肤浅的调整，而是抛弃所有的陈规陋习，改变现有的结构和过程，营造全新的工作方法和管理规则。BPR 是对企业进行重新构造，而不是改良或者调整。BPR 的目标是使企业的效率和业绩有显著提高和极大飞跃。对我国大部分企业来说，信息化是企业实施 BPR 的最好契机。

② BPR 成功的关键：重组企业流程可以采用两种方法，一种是在研究和描述企业

现有业务流程的基础上进行重新设计；另一种是从零开始构造理想的企业业务流程，在构建过程中参考相关企业的管理方法。在很多情况下，这两种方法结合起来使用效果会更好一些。

尽管 BPR 是知识经济时代的大势所趋，并且世界上已经有很多成功的案例，但是做好这项工作并不是一件轻而易举的事情，其成功率大约是 50%，即约一半的 BPR 项目将走向失败或者没有达到预定的目标。失败的原因很多，其中影响最大的三个因素是：缺乏高层管理人员的支持和参与、不切实际的实施范围与期望、传统对变革的抗拒。

正因为如此，BPR 成功的关键因素成为一个研究的热点。我们认为以下是 BPR 成功的重要因素：企业核心领导层的关注和积极思考；重视企业文化建设和观念更新；结合企业发展战略目标；结合信息化工程确定 BPR 的目标；选择能够支持 BPR 的企业管理软件；拟定具有可操作性的实施办法；先研究流程再确定组织；拥有专项资金支持。

③ BPR 的三个面向

面向作业流程：作业流程是一个活动序列，它从一项或者多项投入开始，经过加工，创造有价值的产出。任何作业流程都会包含物质流、信息流和资金流，体现“三流合一”的概念。表面上，管理人员所看到的和操作的是物质流，但是信息流和资金流都会随物质流的运动而产生和运动。

面向顾客：21 世纪是多元化的社会，顾客对产品的选择范围扩大，期望值提高。如何满足客户要求，解决产品“个性化加强”与“交货期缩短”之间的矛盾，已经成为企业争夺市场的主要问题。企业要有前瞻性，比顾客更加了解他们需求的本质和发展方向，引导顾客提出对未来产品的需求。具备引导顾客需求能力的企业可以获得最丰厚的回报。

面向企业信息化：BPR 和信息技术（IT）本来是独立存在的，BPR 是一种思想，而 IT 是一种技术，但在企业信息化工程中我们提倡把两者结合在一起。

BPR 与 IT 的结合首先体现在信息的收集和管理上。尽管 BPR 可以给企业带来巨大的效益，但是实施 BPR 的风险和代价也是巨大的。企业应该掌握大量信息，对这些信息进行科学分析，从而决定是否有必要实施 BPR。没有 IT 的支持，收集信息比较困难，更谈不上全面和完整。企业信息化工程的基本任务就是为企业建立信息管理系统，收集和管理企业运行所涉及的全部信息。

2. 制造资源计划

①制造资源计划的发展历程：经历了 MRP、闭环 MRP 和 MRPⅡ 三个阶段。MRP 即物料需求计划，该系统的主要作用是确定每项物料在每个时区的需求量，进而确定生产中所需各种原材料和零部件的订货事项。为了减少人工干预和提高系统的可行性，20 世纪 70 年代提出闭环 MRP 的概念。闭环 MRP 系统除了 MRP 外，还将生产能力需求计划、车间作业计划、采购计划等纳入 MRP 之中，形成一个具有反馈功能的封闭系统。

按照闭环 MRP 的逻辑，主生产计划必须确认其可行性后，才运行 MRP。MRP 产生的结果还要经过能力需求计划的检验，才能形成车间作业计划。在计划执行过程中，还要根据来自车间、供应商和计划人员的反馈信息调整计划，从而使生产计划涉及的各个子系统协调一致。工作过程是一个“计划—实施—评价—反馈—再计划”的封闭循环过程。它除了对物料进行计划之外，还对生产中的人力、设备、场地、时间等资源进行调度。闭环 MRP 的计算工作量大大超过仅做物料分解的 MRP，只有计算机发展到一定水平，才可能把它变成现实。

闭环 MRP 系统使生产中的物料系统得到统一，但这还不够，因为在企业管理中，生产计划只是一个方面，它主要涉及物流和能力，而与物流密切相关的还有资金流。如果能够同步控制物流和资金流，那么可以大大提高企业的管理水平。

后来，逐渐形成了覆盖范围更大的软件系统，把企业的生产、财务、采购、销售、仓库管理等集成在一起，实现了物流、资金流、信息流的合一。这个系统被称为制造资源计划，由于它的英文缩写和物料需求计划一样，为了加以区别，把它缩写为 MRPH。

MRPH 把企业管理的各子系统有机地结合在一起，组成一个功能比较全面的企业资源的优化调度系统。MRPH 具有统一的概念模式，每个子系统都对应着这个模式的一个子模式，这样就保证了数据的一致性，并且最大限度地消除了数据冗余。可以说，MRPH 基本上解决了企业内部的资源管理和计划优化的问题。

② MRPH 的应用：从本质上说，MRPH 首先是一种先进的管理思想、一种先进的管理方法，其次才是一套管理软件。应用它的过程本身，就是将先进的管理思想、管理方法引入并消化、吸收到目前实际的生产模式中去的一个革命化的过程，该系统具有相当优越的效果，在国外，特别是在工业化发达的国家，它被称为革命性的生产与物料管理系统，为企业管理迈向自动化所不可缺少。在生产与物料管理的先进国家，比如美国和日本，没有生产与物料管理电脑化系统——MRPH，就没有生产与物料管理可言。

20 世纪 80 年代中期，MRPH 逻辑很快被企业界和计算机软、硬件制造商所接受，短短几年内几百种商品化软件相继问世。

但是，尽管 MRPH 给企业带来了很大的经济效益，在现实应用中仍存在不少问题：首先集中式的统一管理体制，由一台中央计算机进行处理，工作量大，系统响应速度慢，处理时间长，系统可靠性差。其次编制 MRP 计划时不考虑能力约束，所以计划中生产负荷在时间上的分布是不均衡的，势必造成计划的不准确性。再次，MRPH 按单件生产、多品种小批量生产、大量流水生产 3 种方式剪裁软件，而在实际生产中同一工厂可能存在多种管理模式的混合，使计划的可执行性受到限制。最后 MRPH 系统软件结构不够开放，增加了软件开发周期，使应用软件的可移植性和维护性受到限制。为了解决这一系列的问题，MRPH 必须与其他先进的管理方式相结合，形成先进的混合管理模式，才会获得更大的效益。

（3）企业资源计划（ERP）：随着市场竞争的进一步加剧，企业竞争空间和范围的进一步扩大，客户需求变化进一步加速，企业对制造资源的理解也更加深刻。20 世纪 90 年代提出了企业资源计划的概念，把对企业内部资源进行规划的思想扩展为面向对社会资源有效利用和管理的思想。ERP 在 MRPU 的基础上扩展了管理范围，发展了管理思想。在 ERP 的系统设计中，不仅考虑企业自己的资源，还必须把经营过程中涉及的有关各方，如供应商、协作单位、分销网络、客户等纳入统一的供应链中，从而更有效地安排企业的经营和生产活动。ERP 系统设计有两个基本点：一是体现按照客户需求组织制造的思想；二是把企业的制造流程看成社会供应链的一部分。

ERP 管理思想的核心是在对企业内部资源管理和计划的基础上增加了对企业外部资源的规划和利用。这种管理思想是通过对供应链的管理来实现的。它与 MRPH 的主要区别在以下几个方面：

①资源管理范围方面：MRPH 主要对企业内部的资源进行管理和计划，而 ERP 在 MRPH 的基础上扩展了计划的覆盖范围，实现了对供应链的管理。ERP 把客户的需求、销售网络、供应商的制造资源和企业内部的制造活动整合在一起，统筹规划。

②生产管理理念方面：MRPH 的管理理念在于企业内部的信息集成，通过信息集成加强企业的适应能力和预测能力，并且优化资源的使用，产生效益。ERP 注重流程重组，通过业务流程重组支持企业经营和产品创新。相比之下，MRPH 仍然有工业经济时代的烙印，而 ERP 在一定程度上具备了知识经济时代企业管理的特征。由于 ERP 追求对企业创新的支持来使企业产生效益，所以它比较容易与敏捷制造、并行工程、精益生产等管理理念融合。

③管理功能方面：除了具有 MRPH 系统的制造、分销、财务管理功能外，还增加了支持供应链物流和资金流通的模块，例如供应链的运输管理、质量控制、仓库管理等。同时，还增加了供应链流程管理、决策支持系统等模块。

④控制机制不同：MRPH 通过滚动计划来控制整个生产过程，实时性较差，一般只能实现事中控制。ERP 系统支持在线分析处理、售后服务及质量反馈，强调事前控制能力。它可以将客户、设计、制造、采购、销售、运输等集成在一起，并行地进行各种相关作业，为企业提供对质量、适应变化、客户满意、业绩等关键问题的方法。

4.ERP 发展前景

ERP 代表了当前集成化企业管理软件系统的最高技术水平，它在未来的发展趋势主要体现在以下几个方面：

其一，满足用户个性化的需要，实现“人尽其能、物尽其用、财尽其值”，体现不同行业的特点。

其二，硬件大而全的系统走向机动灵活的模块化系统。现行的 ERP 多信奉最佳业务实践，一般是先从成功企业的管理模式中提炼出精华，然后把它体现到软件中去。这种软件在使用时，企业要先做业务流程重组，然后再进行安装调试。企业面临的阻力和工作量都很大，而且所谓的最佳业务实践也未必就能适应本企业。因而，小型化，模块化，做到按需所取、可以方便使用是必然的趋势。

其三，服务走向社会化。ERP 软件的选择和服务项目的选择是成功的关键，同时也是很专业的问题，企业的管理人员对此通常缺乏了解，因此专业的咨询公司和服务公司将应运而生。只有这样，企业才能正确地选择合适的软件系统，进行正确地使用，从而获得较大的效益。

随着信息技术的飞速发展和应用，全球化趋势日益明显，ERP 的内容不断扩展，动态企业建模（DEM）和智能资源计划（IRP）成为 ERP 系统未来的发展方向。

①动态企业建模：动态多变的市场竞争，使企业越来越感到原有的业务流程的弊端，它们必须进行业务重组以求得发展，但是在发展多变的市场中，一次重组并不能一劳永逸，企业要保持自己的领先地位，需要随时根据竞争的环境调整策略，即企业重组要保持一种动态性。但是，现有的 ERP 软件均是以一种预先固定的模式结构提供给用户，不能很好地满足市场的要求。这样，动态企业建模就应运而生了。

DEM 可以让用户以自己熟悉的方式，根据其公司内部和外界环境的变化，最快、最好地建立公司的业务控制模型、业务功能模型和业务过程模型，或对它们进行调整，节约时间、消除浪费、降低成本和提高效率，从而在竞争环境中求得生存和发展。DEM 可以使管理软件灵活有效地与企业的业务环境相匹配，适用于一些具有特殊性的企业，如我国的国有大中型企业不必一下子就被迫完全地接受和照搬全套西化的管理模式和业务流程，既能保留企业原有的合理部分，又可将 ERP 先进的管理思想和模式融入企业。DEM 既满足了企业当前的需求，又能满足其将来的长远需求。

②智能资源计划：ERP 和 DEM 基本上都是按顺序逻辑来处理事件的管理，均不能对无法预料的事件做出快速反应。而在现有的市场环境下，企业发现只有尽可能快地为市场提供那些受消费者青睐的产品，才能获利颇丰。因此，企业必须根据多变的市场做出正确的判断，然后做出决策，这就不得不经常地、快速地根据新的决策去改变产品、计划和生产线。而现有的软件是无法满足这些需求的。

智能资源计划是一种具有智能及优化功能的管理思想和模式，打破了以前的管理模式，可使管理人员按照设定的目标去寻找一种最佳的方案并迅速执行，这样就可达到超前于市场的需求变化，快速做出正确的决策。现有的管理软件，它们所能解答的仅仅是生产什么、用什么生产、已有了什么、还缺什么、计划何时下达；而 IRP 则上升到了另一个高度，除了能解答上述问题外，还能解答什么是市场最需要的产品、如何实现以最正确的方式、在最恰当的时间内、在最好的场所、以最好的设备、用最好的资源、由最合适的人员来进行生产，然后以最畅通的渠道将产品提交到市场、尽快完成资本循环，并且具有最小的产品周期。这些都是 IRP 以前的管理方法无法解决的。

随着信息技术和现代管理思想的进一步发展，ERP 的内容还会不断扩展，相信还会有更新的管理方法和管理模式产生。因此，我们必须大力研究 ERP 系统的理论和应用，从而提高我国企业管理水平，提升我国企业在国际市场的竞争力。

第三节　产品数据管理系统

1. 产品数据管理（PDM）内涵

在 20 世纪 80 年代初期就已出现，当时只是为了解决大量图纸文档的管理困境，随着时间的推移，其应用范围逐渐扩展到产品开发整个生命周期的数据管理。PDM 是一门用来管理所有产品相关信息和所有与产品有关的过程的技术。它以产品为中心，通过计算机网络和数据库技术，把企业生产过程中所有与产品相关的信息和过程集成起来，统一管理，使产品数据在其生命周期内保持一致、最新和安全，为工程技术人员提供一个协同工作的环境，从而缩短产品研发周期、降低成本、提高质量，为企业赢得竞争优势。

产品相关信息包括零件信息、产品结构、结构配置、文件、CAD 文档、生产成本、供应商状况等。与产品有关的过程信息包括有关的加工工序、加工指南、有关批准和使用权、安全、工作流程、机构关系等所有过程处理程序。

2.PDM 基本功能

①电子仓库：对大多数企业来说，需要使用许多不同的计算机系统（主机、工作站、PC 机等）和不同的计算机软件来产生产品整个生命周期内所需的各种数据，而这些计算机系统和软件还有可能建立在不同的网络体系上。在这种情况下，如何确保这些数据总是最新的和正确的，并且使这些数据能在整个企业的范围内得到充分的共享，同时还要保证数据免遭有意的或无意的破坏，这些都是迫切需要解决的问题。PDM 的电子仓库功能提供了生成、存储、查询、恢复、编辑和记录等能力，为数据的传递提供了一种安全的手段，并允许用户快速地访问全企业的产品信息。

②产品结构与配置管理：以电子仓库为底层支持，以材料报表为其组织核心，把定义最终产品的所有工程数据和文档联系起来，实现产品数据的组织、控制和管理，并在一定目标或规则约束下向用户或应用系统提供产品结构的不同视图和描述。

③工作流或过程管理：这一模块用来定义和控制人们创建和修改数据的方法，它主要管理当一个用户对数据进行操作时会发生什么、人与人之间的数据流动以及在一个项目的生命周期内跟踪所有事务和数据的活动。此模块为产品开发过程的自动管理提供了必要的支持。

④项目管理：项目管理在 PDM 系统中考虑得较少，许多 PDM 系统只能提供工作流活动的信息。一个功能很强的项目管理器能够为管理者提供每分钟项目和活动的状态

信息。

⑤集成开发接口：各企业的情况千差万别，用户的要求也是多种多样的，没有哪一种系统可以适应所有企业的情况，这就要求 PDM 系统必须具有强大的客户化和二次开发能力。现在大多数 PDM 产品都提供了二次开发工具包，PDM 实施人员或用户可以利用这类工具包来进行针对企业具体情况的定制工作。同时，为了使不同应用系统之间能够共享信息以及对应用系统所产生的数据进行统一管理，要求把外部应用系统封装和集成到 PDM 系统中，并提供应用系统与数据库以及应用系统与应用系统之间的信息集成。

⑥电子协作：这一功能主要实现人与 PDM 系统中数据之间实时的交互功能，包括设计审查时的在线操作、电子会议等。

PDM 技术在国外已得到广泛的应用，尤其在欧美地区的发达国家中，PDM 的应用比较广泛，也比较成功。在美国，有 98% 的企业都已经实施或正在实施 PDM。现在 PDM 系统也逐渐为国内所重视，国内许多软件厂商也看到了它的巨大市场潜力，纷纷开发出自己的 PDM 产品。

第四节　产品全生命周期

1. PLM 的含义

PLM，即产品生命周期管理，涵盖机械产品整个生命周期的开发与管理系统。PLM 包括了计算机辅助设计、辅助制造、辅助工程分析以及产品数据管理等 4 个部分（CAD/CAM/CAE/PDM），它可以满足机械产品开发与制造企业在产品规划、概念设计、详细设计、功能验证、制造、维护、改型创新等各个环节的需要。

PLM 与 PDM 是有本质区别的，PDM 系统是在图档管理的基础上发展起来的，它以产品为核心，对与产品相关的数据、过程和资源进行集中的管理。PDM 系统的应用目标是提升企业的产品设计能力、缩短产品的开发周期，其主要应用于产品的概念设计和详细设计阶段。从技术上说，PLM 是一种对所有与产品相关的数据在其整个生命周期内进行管理的技术，它包含了 PDM 的全部内容，PDM 功能是 PLM 中的一个子集。但 PLM 又强调了对产品生命周期内跨越供应链的所有信息进行管理和利用的概念，这是 PLM 与 PDM 的本质区别。

PLM 是一个复杂的管理理念和系统，很难用一句话来概括。可以这样来理解它的内涵。PLM 的核心是产品，它的主要管理内容是产品信息，只有拥有具竞争能力的产品，才能为企业获得更多的用户和更大的市场占有率。PLM 的目标是创新，如果企业不能不断地开发和推出新的产品，企业将被那些具有创新精神的竞争对手超过，或者被一些成本更低的供应商所模仿。PLM 的手段是集成，PLM 的解决方案为产品全生命周期的每一个阶段都提供了数字化工具，同时还提供了信息平台，将这些数字化工具集成使用。PLM 的灵魂是管理，PLM 是一种先进的企业信息化思想，它让人们思考在激烈的市场竞争中，如何用最有效的方式和手段来为企业增加收入和降低成本。PLM 是一种以产品设计为核心，对业务流程进行优化的管理思想。

2.PLM 的优点

从全球范围看，应用一个完整的 PLM 系统，能够使企业用更短的时间、更低的成本，开发出更高质量的产品。其主要优点体现在：

①全部产品信息以三维方式展现在开发人员及企业决策者面前，能够更加直观、更加快速地了解产品的造型、装配和运动状态。

②早期发现设计错误，在物理样机制造之前修改设计，还可以通过 PLM 系统对产品的各项性能指标（如装配参数、运动参数、力学参数和制造参数等）进行预先计算，并获得三维图形或进行动画展示，从而大幅度降低产品的开发成本。

③设计文件、设计流程在系统内有序、快速地流动，从而大幅度减少了设计审批所消耗的时间，加快了产品的开发进度，提高了效率。

④产品的材料清单可通过 PLM 系统生成，并通过与其他系统（如 ERP）的传递，为企业生产计划、生产管理、财务管理、营销管理、售后服务管理等提供准确的基础信息。

⑤企业决策者通过系统获得更充分的信息，可以使决策更加理性，降低决策风险，提高产品的成功率，从而使企业在宏观上获得显著的经济效益。

3. PLM 的发展应用

PLM 的研究在国外也是近年来的事情。在美国开展 PLM 的研究较早且较深入。日本、韩国等国家也开始着手研究 PLM。目前，世界许多知名企业，如西门子公司、康柏公司、空中客车公司、壳牌石油公司等已经成为 PLM 的成功用户。我国 PLM 技术的研究刚刚处于起步阶段。一些企业在系统地分析国际上现有主要的 PLM 系统的技术、产品、解决方案的基础上，提出了具有 PLM 特征的技术框架。

以国际上 PLM 市场的分类方式，航空航天和汽车行业占据着 PLM 市场的半壁江山，另外一半由机械、电子等行业分享。国内 PLM 市场按行业划分，则分为航空、航天、汽车、兵器、船舶、电子、机械、铁道和高校等行业，各个行业之间的份额分布差别不大。PLM 为汽车业提高竞争力提供了有效途径。在全球的大中型汽车制造业中，有 70% 的制造商使用了这一系统。通过使用这一系统，通用公司每个车型可以节约 5000 万美元的开发成本，福特公司的经营效率提高了 33%。

PLM 在企业中的成功应用也为这些企业巨子带来了无可比拟的竞争优势，PLM 技术对制造业的巨大影响，使得 PLM 将迅速地从过去为企业提供竞争优势变成企业参与竞争的必要条件。随着竞争的加剧，PLM 的需求将会急剧膨胀。

第十章　智能化机械制造技术

当前，全球制造业正在发生新革命。随着德国工业4.0（第四次工业革命）概念的提出，物联网、工业互联网、大数据、云计算等技术的不断创新发展，以及信息技术、通信技术与制造业领域的技术融合，新一轮技术革命正在以前所未有的广度和深度，推动着制造业生产方式和发展模式的变革。

第一节　概述

智能制造简称智造，源于人工智能的研究成果，是一种由智能机器和人类专家共同组成的人机一体化智能系统。人工智能在制造过程中，主要采取分析、推断、判断以及构思和决策等的适应过程，与此同时还通过人与机器的合作，最终实现机器的人工智能化，智能制造使得自动化制造更为柔性化、智能化和高度集成化。

一、智能制造技术

智能制造技术是通过人类机器模拟专家的分析、判断、推理、构思和决策等智能活动，并将这些智能活动与智能机器有机融合，使其贯穿应用于制造企业的各个子系统（如经营决策、采购、产品设计、生产计划、制造、装配、质量保证和市场销售等）的先进制造技术。该技术能够实现整个制造企业经营运作的高度柔性化和集成化，取代或延伸制造环境中专家的部分脑力劳动，并对制造业专家的智能信息进行收集、存储、完善、共享、继承和发展，从而极大地提高生产效率。

二、智能制造系统

智能制造系统是一种由部分或全部具有一定自主性和合作性的智能制造单元组成的、在制造活动全过程中表现出相当智能行为的制造系统。其最主要特征在于工作过程中对知识的获取、表达与使用。根据其知识来源，智能制造系统可分为两类：一是以专家系统为代表的非自主式制造系统。该类系统的知识由人类的制造知识总结归纳而来。

二是建立在系统自学习、自进化与自组织基础上的自主型制造系统。该类系统可以在工作过程中不断自主学习、完善与进化自有知识，因而具有强大的适应性及高度开放的创新能力。

随着以神经网络、遗传算法与遗传编程为代表的计算机智能技术的发展，智能制造系统正逐步从非自主式智能制造系统向具有自学习、自进化与自组织的具有持续发展能力的自主式智能制造系统过渡发展。

（一）智能制造标准化参考模型

智能制造对制造业的影响主要表现在三个方面，分别是智能制造系统、智能制造装备和智能制造服务，涵盖了产品从生产加工到操作控制再到客户服务的整个过程。

智能制造的本质是实现贯穿三个维度的全方位集成，包括企业设备层、控制层、管理层等不同层面的纵向集成，跨企业价值网络的横向集成，以及产品全生命周期的端到端集成。标准化是确保实现全方位集成的关键途径，结合智能制造的技术架构和产业结构，可以从系统架构、价值链和产品生命周期等三个维度构建智能制造标准化参考模型，帮助我们认识和理解智能制造标准化的对象、边界、各部分的层级关系和内在联系。

1. 生命周期

生命周期是由设计、生产、物流、销售、服务等一系列相互联系的价值创造活动组成的链式集合。生命周期中各项活动相互关联、相互影响。不同行业的生命周期构成不尽相同。

2. 系统层级

系统层级自下而上共五层，分别为设备层、控制层、车间层、企业层和协同层。智能制造的系统层级体现了装备的智能化、互联网协议（IP）化，以及网络的扁平化趋势。

3. 智能功能

智能功能包括资源要素、系统集成、互联互通、信息融合和新兴业态等五层。

（二）智能制造标准体系框架

智能制造标准体系结构包括 A 基础共性、B 关键技术、C 重点行业三个部分，主要反映标准体系各部分的组成关系。

具体而言，A 基础共性标准包括基础、安全、管理、检测评价和可靠性等五大类，位于制造标准体系结构图的最底层，其研制的基础共性标准支撑着标准体系结构图上层虚线框内 B 关键技术标准和 C 重点行业标准；BA 智能装备标准位于智能制造标准体系结构图的 B 关键技术标准的最底层，与智能制造实际生产联系最为紧密；在 BA 智能装备标准之上的是 BB 智能工厂标准，是对智能制造装备、软件、数据的综合集成，该标准领域在智能制造标准体系结构图中起着承上启下的作用；BC 智能服务标准位于 B 关键技术标准的顶层，涉及对智能制造新模式和新业态的标准研究；BD工业软件和大数据标准与BE工业互联网标准分别位于智能制造标准体系结构图的B关键技术标准的最左侧和最右侧，贯穿B关键技术标准的其他三个领域（BA、BB、BC），打通物理世界和信息世界，推动生产型制造向服务型制造转型；C重点行业标准位于智能制造标准体系结构图的最顶层，面向行业具体需求，对A基础共性标准和B关键技术标准进行细化和落地，指导各行业推进智能制造。

第二节 智能制造系统架构

智能制造系统的整体架构可分为五层。上文所说的几种子系统，贯穿在这五层中，帮助企业实现各个层次的最优管理。

各层的具体构成如下：

1. 生产基础自动化系统层

其主要包括生产现场设备及其控制系统。其中生产现场设备主要包括传感器、智能仪表、可编程逻辑控制器PLC、机器人、机床、检测设备、物流设备等。控制系统主要包括适用于流程制造的过程控制系统、适用于离散制造的单元控制系统和适用于运动控制的数据采集与监控系统。

2. 生产执行系统层

其包括不同的子系统功能模块（计算机软件模块），典型的子系统有制造数据管理系统、计划排程管理系统、生产调度管理系统、库存管理系统、质量管理系统、人力资源管理系统、设备管理系统、工具工装管理系统、采购管理系统、成本管理系统、项目看板管理系统、生产过程控制系统、底层数据集成分析系统、上层数据集成分解系统等。

3. 产品全生命周期管理系统层

其主要分为研发设计、生产和服务三个环节。研发设计环节主要包括产品设计、工艺仿真和生产仿真。应用仿真模拟现场形成效果反馈，促使产品改进设计，在研发设计环节产生的数字化产品原型是生产环节的输入要素之一；生产环节涵盖了上述生产基础自动化系统层与生产执行系统层的内容；服务环节主要通过网络进行实时监测、远程诊断和远程维护，并对监测数据进行大数据分析，形成和服务有关的决策、指导、诊断和维护工作。

4. 企业管控与支撑系统层

其包括不同的子系统功能模块，典型的子系统有战略管理、投资管理、财务管理、人力资源管理、资产管理、物资管理、销售管理、健康安全与环保管理等。

5. 企业计算与数据中心层

其包括网络、数据中心设备、数据存储和管理系统、应用软件等，提供企业实现智能制造所需的计算资源、数据服务及具体的应用功能，并具备可视化的应用界面。企业为识别用户需求而建设的各类平台，包括面向用户的电子商务平台、产品研发设计平台、生产执行系统运行平台、服务平台等。这些平台都需要以该层为基础，方能实现各类应用软件的有序交互工作，从而实现全体子系统信息共享。

第三节　智能制造装备

智能制造装备是制造业的基础硬件，也是智能制造标准体系中至关重要的一环。发展智能制造装备产业，对于加快制造业转型升级，提升生产效率、技术水平和产品质量，降低能源消耗，实现制造过程的智能化和绿色化都具有重要意义。

一、智能制造装备的定义

智能制造装备是具有感知、分析、推理、决策、控制等功能的制造装备，它能够自行感知、分析运行环境，自行规划、控制作业，自行诊断和修复故障，主动分析自身性能优劣、进行自我维护，并能够参与网络集成和网络协调。

智能制造装备产业涵盖关键智能基础共性技术（如传感器等关键器件、零部件等）、测控装置和部件（如智能仪表、高档自控系统、数控系统等）以及智能制造成套装备等几大领域。由此可见，智能制造装备与生产制造的各个环节息息相关，大力发展智能制造装备，可以有效优化生产流程，提高生产效率、技术水平和产品质量。

二、市场需求与产业前景

目前，我国的智能制造装备产业以新型传感器、智能控制系统、工业机器人和自动化成套生产线为代表，尚处于发展初期，未来市场空间巨大，但同时也面临国际竞争的挑战。

1. 市场需求

随着信息技术向制造业的渗透和新一代信息技术与制造技术的充分交互，以及制造业自动化、数字化、网络化水平的显著提高，智能制造将成为生产方式变革的风向标，以工业机器人为代表的智能装备产业将迎来快速发展期。

1）发展两化融合、科技集成

在市场需求不断变化的驱动下，制造业的生产规模正向多品种、变批量（变批量生产的概念是相对于批量生产而来的，是批量可变的意思）、柔性化的方向发展；而在信息科技发展的推动下，制造业的资源配置正向信息密集型的方向发展。发展先进制造技术的目的，不仅是要高效制造出满足用户需求的优质产品，而且还要清洁、灵活地进行生产，以提高产品对动态多变的市场的适应能力和竞争能力。

当前，制造业正朝着全球化、信息化、专业化、绿色化、服务化的方向发展，而制造技术则向高精度、智能化、绿色低碳、高附加值、增值服务、物流联动等方向发展。在智能制造装备的发展趋势中，制造业的发展重点将主要围绕"绿色化"与"智能化"展开。

作为我国高端装备制造领域重点发展的五大行业之一，智能制造装备将成为推进我国装备制造业迈向"高精尖"的最主要力量。

2）机器人产业市场需求快速增长

2012 年，美国《华盛顿邮报》曾指出，世界上现在有三种以指数倍增方式快速发展的技术——人工智能、机器人以及数字制造，它们将重塑制造业的竞争面貌。

由于人工劳动成本快速上涨，并且工业机器人具有稳定性高、生产速率快等技术优势，越来越多的企业开始使用工业机器人替代人工作业。和全球工业机器人市场一样，目前我国的工业机器人主要有搬运、焊接和装配三类，主要应用在汽车及零部件、电子电器和化工等领域。随着我国智能制造装备的发展，工业机器人在其他工业行业中也得到快速推广，如电子、橡胶塑料、军工、航空制造、食品工业、医药设备等领域。

2. 产业前景

智能制造装备是高端装备制造业发展的重点方向之一。翻阅国内各大城市的发展规划，不难发现智能制造装备产业在我国受到越来越多的关注。除了各地的产业发展布局，智能制造装备产业本身也呈现"万马奔腾"态势。

在智能制造装备领域，要重点推进高档数控机床与基础制造装备，自动化成套生产线，智能控制系统，精密和智能仪器仪表与实验设备，关键基础零部件、元器件及通用部件，智能专用装备的发展，实现生产过程自动化、智能化、精密化、绿色化，带动工业整体水平的提高。

业内人士认为，未来 30 年是中华人民共和国成立以来的"第三个 30 年"，是中国绕过"中等收入陷阱"，并"由大变强"的关键时期。未来一段时期，中国将形成以智能制造装备产业为主导、多种先进制造业互相支撑的产业新格局。

三、智能制造装备技术

智能制造装备技术，即是让制造装备能进行诸如分析、推理、判断、构思和决策等多种智能活动，并可与其他智能装备进行信息共享的技术。智能制造装备技术是先进制造技术、信息技术和智能技术的集成和深度融合。

从功能上讲，智能制造装备技术包括装备运行与环境感知、识别技术，性能预测与智能维护技术，智能工艺规划与编程技术，智能数控技术。

1. 装备运行与环境感知、识别技术

传感器是智能制造装备中的基础部件，可以感知或者采集环境中的图形、声音、光线以及生产节点上的流量、位置、温度、压力等数据。传感器是测量仪器走向模块化的结果，虽然技术含量很高但一般售价较低，需要和其他部件配套使用。

智能制造装备在作业时，离不开由相应传感器组成的或者由多种传感器结合而成的感知系统。感知系统主要由环境感知模块、分析模块、控制模块等部分组成，它将先进的通信技术、信息传感技术、计算机控制技术结合来分析处理数据。环境感知模块可以是机器视觉识别系统、雷达系统、超声波传感器或红外线传感器等，也可以是这几者的组合。随着新材料的运用和制造成本的降低，传感器在电气、机械和物理方面的性能越发突出，灵敏性也变得更好。未来随着制造工艺的提高，传感器会朝着小型化、集成化、网络化和智能化方向进一步发展。

智能制造装备运用传感器技术识别周边环境（如加工精度、温度、切削力、热变形、应力应变、图像信息）的功能，能够大幅改善其对周围环境的适应能力、降低能源消耗、提高作业效率，是智能制造装备的主要发展方向。

2. 性能预测与智能维护技术

（1）性能预测

对设备性能的预测分析以及对故障时间的估算，如对设备实际健康状况的评估、对设备的表现或衰退轨迹的描述、对设备或任何组件何时失效及怎样失效的预测等，能够减少不确定性的影响并为用户提供预先的缓和措施及解决对策，减少生产运营中产能与效率的损失。而具备可进行上述预测建模工作的智能软件的制造系统，称为预测制造系统。

一个精心设计开发的预测制造系统具有以下优点：①降低成本；②提高运营效率；③提高产品质量。

（2）智能维护技术研究

智能维护是采用性能衰退分析和预测方法，结合现代电子信息技术，使设备达到近乎零故障性能的一种新型维护技术。智能维护技术是设备状态监测与诊断维护技术、计算机网络技术、信息处理技术、嵌入式计算机技术、数据库技术和人工智能技术的有机结合，其主要研究领域包括：①远程维护系统架构和网络技术研究；②网络诊断维护标准、规范的研究；③多通道同步高速信号采集技术与高可靠性监测技术的研究；④嵌入式网络接入技术的研究；⑤基于图形化编程语言的远程监测软件研究；⑥智能分析诊断技术的研究；⑦基于 Web 的网络诊断知识库、数据库和案例库的研究；⑧多参数综合诊断技术的研究；⑨专家会诊环境的研究。

3. 智能工艺规划与编程技术

智能工艺是将产品设计数据转换为产品制造数据的一种技术，也是对零件从毛坯到成品的制造方法进行规划的技术。智能工艺以计算机软硬件技术为环境支撑，借助计算机的数值计算、逻辑判断和推理功能，确定零件机械加工的工艺过程。智能工艺是连接设计与制造之间的桥梁，它的质量和效率直接影响企业制

造资源的配置与优化、产品质量与成本、生产组织效率等，因而对实现智能生产起着重要的作用。

（1）智能工艺概念

智能工艺就是计算机辅助工艺，是指在人和计算机组成的系统中，根据产品设计阶段给予的信息，通过人机交互或自动的方式，确定产品的加工方法和工艺过程。

（2）智能工艺组成

智能工艺系统由控制模块、零件信息输入模块、工艺过程设计模块、工序决策模块、工步设计决策模块、NC 加工指令生成模块、输出模块和加工过程动态仿真构成。

各模块的功能如下：

①控制模块。主要为协调功能，以实现人机之间的对话交流，控制零件信息的获取方式。

②零件信息输入模块。通过直接读取 CAD 系统或人机交互的方式，输入零件的结构与技术要求形成工艺过程卡，供加工与生产管理部门使用。

③工序决策模块。对以下方面进行决策，即加工方法、加工设备以及刀夹量具的选择，工序、工步安排与排序，刀具加工轨迹的规划，工序尺寸的计算，时间与成本的计算等。

④工步设计决策模块。设计工步内容，确定切削用量，提供生成 NC 加工控制指令所需的刀位文件。

⑤ NC（Numerical Control，数字化控制）。加工指令生成模块。依据工步设计决策模块提供的文件，调用 NC 指令代码系统，生成 NC 加工控制指令。

⑥输出模块。以工艺卡片形式输出产品工艺过程信息，如工艺流程图、工序卡，输

出 CAM 数控编程所需的工艺参数文件、刀具模拟轨迹、NC 加工指令，并在集成环境下共享数据。

⑦加工过程动态仿真模块。对所生成的加工过程进行模拟，检查工艺的正确性。

（3）智能工艺决策专家系统

智能工艺决策专家系统是一种在特定领域内具有专家水平的计算机程序系统，它将人类专家的知识和经验以知识库的形式存入计算机，同时模拟人类专家解决问题的推理方式和思维过程，从而运用这些知识和经验对现实中的问题做出判断与决策。

智能工艺决策专家系统由人机接口、解释机构、知识库、动态数据库、推理机和知识获取机构六部分共同组成。其中，知识库用来存储各领域的知识，是专家系统的核心；推理机控制并执行对问题的求解，它根据已知事实，利用知识库中的知识按一定推理方法和搜索策略进行推理，得到问题的答案或证实某一结论。

智能工艺决策专家系统具有以下特点：

以“逻辑推理 + 知识”为核心，致力于实现工艺知识的表达和处理机制，以及决策过程的自动化。采用人工智能原理与技术。能够解决复杂而专门的问题。突出知识的价值，具有良好的适应性和开放性。系统决策取决于逻辑合理性，以及系统所拥有的知识数量和质量。系统决策的效率取决于系统是否拥有合适的启发式信息。

四、智能数控技术

数控技术即数字化控制技术，是一种采用计算机对机械加工过程中的各种控制信息进行数字化运算和处理，并通过高性能的驱动单元，实现机械执行构件自动化控制的技术。而智能数控技术是指数控系统或部件能够通过对自身功能结构的自整定（设备不断修正某些预先设定的值，以在短时间内达到最佳工作状态的功能）改变运行状态，从而自主适应外界环境参数变化的技术。

1. 智能数控技术的发展

数控技术和装备是制造业信息化的重要组成部分。自 20 世纪 50 年代诞生以来，数控技术经历了电子管元器件数控、晶体管数控、集成电路数控、计算机数控、微型计算机数控、基于 PLC 的开放式数控等多个发展阶段，并将继续朝着智能数控的方向发展。

20 世纪 90 年代以后，数控技术越来越趋于集成化和网络化，逐渐发展为智能数控技术。举例来说，随着电子信息技术的发展，CPU（中央处理器）的控制与处理能力得到大幅提升，因此，数控装备如数控机床的动态与静态特性得到显著的提升，而智能数控加工技术也向高性能、柔性化和实时性方向发展。

智能制造时代层出不穷的新情况，诸如加工困难的新型材料、越来越复杂的机器零部件结构、越来越高的工艺质量标准以及绿色制造的要求等，都使智能数控技术面临着全新的挑战。

2. 智能数控技术的组成

智能数控技术是智能数控装备、智能数控加工技术以及智能数控系统的统称。

（1）智能数控机床。智能数控机床是最具代表性的智能数控装备。智能数控机床技术包括智能主轴单元技术、智能进给驱动单元技术以及智能机床结构设计技术。

智能主轴单元包含多种传感器，比如温度传感器、振动传感器、加速度传感器、非接触式电涡流传感器、测力传感器、轴向位移测量传感器、径向力测量应变计、对内外全温度测量仪等，使得加工主轴具有精准的应力、应变数据。

智能进给驱动单元确定了直线电机和旋转丝杠驱动的合适范围以及主轴的运动轨迹，可以通过机械谐振来主动控制进给单元。

智能数控机床了解制造的整个过程，能够监控、诊断和修正生产过程中出现的各类偏差并提供最优生产方案。换句话说，智能机床能够收集、发出信息并进行自主思考和决策，因而能够自动适应柔性和高效生产系统的要求，是重要的智能制造装备之一。

（2）智能数控加工技术。智能数控加工技术包括自动化编程软件与技术、数控加工工艺分析技术以及加工过程及参数化优化技术。

（3）智能数控系统。智能数控系统是实现智能制造系统的重要基础单元，由各种功能模块构成。智能数控系统包括硬件平台、软件技术和伺服协议等。智能数控系统具有多功能化、集成化、智能化和绿色化等特征。

3. 智能数控技术的特点

智能数控技术集合了智能化加工技术、智能化状态监控与维护技术、智能化驱动技术、智能化误差补偿技术、智能化操作界面与网络技术等若干关键技术，具备多功能化、集成化、智能化、环保化的优势特征，必将成为智能制造不可或缺的“左膀右臂”。

第四节　智能制造服务

随着计算机和通信技术的迅猛发展，制造业也由传统的手工制造，逐渐迈入了以新型传感器、智能控制系统、工业机器人、自动化成套设备为代表的智能制造时代，智能制造服务因而越发受到重视。近年来，随着人工成本的提高及科技的快速发展，产品服务所产生的利润已经远远超过了制造产品本身。

以德国 200 家装备制造企业的统计样本为例，新产品设计、制造、销售环节的利润率不到 4%，而产品培训、备品备件、故障修理、维护、咨询、金融服务等产生的利润率高达 70%，尤其是用于产品维修的备品备件，利润率高达 18%。由此可见，产品非实体部分的价值已经远超产品本身。

通过融合产品和服务，引导客户全程参与产品研发等方式，智能制造服务能够实现制造价值链的价值增值，并对分散的制造资源进行整合，从而提高企业的核心竞争力。

一、智能制造服务的定义

智能制造服务是指面向产品的全生命周期，依托于产品创造高附加值的服务。举例来说，智能物流、产品跟踪追溯、远程服务管理、预测性维护等都是智能制造服务的具体表现。

智能制造服务结合信息技术，能够从根本上改变传统制造业产品研发、制造、运输、销售和售后服务等环节的运营模式。不仅如此，由智能制造服务环节得到的反馈数据，还可以优化制造行业的全部业务和作业流程，实现生产力可持续增长与经济效益稳步提高的目标。

企业可以通过捕捉客户的原始信息，在后台积累丰富的数据，以此构建需求结构模型，并进行数据挖掘和商业智能分析，除了可以分析客户的习惯、喜好等显性需求外，还能进一步挖掘与客户时空、身份、工作生活状态关联的隐性需求，从而主动为客户提供精准、高效的服务。可见，智能制造服务实现的是一种按需和主动的智能，不仅要传递、反馈数据，更要系统地进行多维度、多层次的感知，以及主动、深入地辨识。

智能制造服务是智能制造的核心内容之一，越来越多的制造型企业已经意识到从生产型制造向生产服务型制造转型的重要性。服务的智能化既体现在企业如何高效、准确，及对地挖掘客户潜在需求并实时响应，也体现为产品交付后，企业怎样对产品实施线上、线下服务，并实现产品的全生命周期管理。

在服务智能化的推进过程中，有两股力量相向而行：一股力量是传统制造企业不断拓展服务业务；另一股力量则是互联网企业从消费互联网进入产业互联网，并实现人和设备、设备和设备、服务和服务、人和服务的广泛连接。这两股力量的胜利会师，将不断激发智能制造服务领域的技术创新、理念创新、业态创新和模式创新。

二、智能制造服务的未来发展

近些年来，人们的生活已经慢慢被智能产品所充斥，如智能手机、智能手表、智能眼镜，以及物联网下的智能家居等。智能制造的巨大浪潮与产业互联网的融合正在酝酿着崭新的商业模式，以期带来用户需求的颠覆与生活方式的变革。在未来，智能制造服务等新型行业必会得到广泛关注与发展。

美国GE公司在2012年11月发布了《工业互联网：打破智慧与机器的边界》的报告，确定了未来装备制造业智能制造服务转型的路线图，将“智能化设备”“基于大数据的智能分析”和“人在回路的智能决策”作为工业互联网的关键要素，并将为工业设备提供面向全生命周期的产业链信息管理服务，帮助用户更高效、更节能、更持久地使用这些设备。

未来，产品价值将最终被服务价值所代替，每一个企业都该借助工业互联网的兴起和它日益完善的功能，在优化提升效率获取可观收益之后，创新服务模式，并且不断探索，为服务模式的创新奠定坚实的实践经验和数据基础。

对传统制造业企业来说，实现智能制造服务可从三个方面入手：一是依托制造业拓展生产性服务业，并整合原有业务，形成新的业务增长点；二是从销售产品向提供服务及成套解决方案发展；三是创建公共服务平台、企业间协作平台和供应链管理平台等，为制造业专业服务的发展提供支撑。

智能制造服务可包含以下几类：产品个性化定制、全生命周期管理、网络精准营销与在线支持服务等；系统集成总承包服务与整体解决方案等；面向行业的社会化、专业化服务；具有金融机构形式的相关服务；大型制造设备、生产线等融资租赁服务；数据评估、分析与预测服务。

三、智能制造服务技术

智能制造服务是世界范围内信息化与工业化深度融合的大势所趋，并逐渐成为衡量一个国家和地区科技创新和高端制造业水平的标志。而要实现完整的生产系统智能制造服务，关键是突破智能制造服务的基础共性技术，主要包括服务状态感知技术、网络安全技术和协同服务技术。

1. 服务状态感知技术

服务状态感知技术是智能制造服务的关键环节，产品追溯管理、预测性维护等服务都是以产品的状态感知为基础的。服务状态感知技术包括识别技术和实时定位系统。

（1）识别技术

识别技术主要包括射频识别技术、基于深度三维图像识别技术以及物体缺陷自动识别技术。基于三维图像物体识别技术可以识别出图像中有什么类型的物体，并给出物体在图像中所反映的位置和方向，是对三维世界的感知理解。结合了人工智能科学、计算机科学和信息科学之后，三维物体识别技术成为智能制造服务系统中识别物体几何情况的关键技术。

（2）实时定位系统

此系统能够实现多种材料、零件以及设备等的跟踪监控。这样，在智能制造服务系统中就需要建立一个实时定位网络系统，以实现目标在生产全程中的实时位置跟踪。

2. 信息安全技术

数字化技术之所以能够推动制造业的发展，很大程度上得益于计算机网络技术的广泛应用，但这也对制造工厂的网络安全构成了威胁。

在制造企业内部，工人越来越依赖于计算机网络、自动化机器和无处不在的传感器，而技术人员的工作就是把数字数据转换成物理部件和组件。制造过程的数字化技术支撑着产品设计、制造和服务的全过程，必须加以保护。不仅如此，在智能制造体系中，制造业企业从顾客需求开始，到接收产品订单、寻求合作生产、采购原材料或零部件、产品协同设计到生产组装，整个流程都通过互联网连接起来，网络安全问题将更加突出。

其中涉及的智能互联装备、工业控制系统、移动应用服务商、政府机构、零售企业、金融机构等都有可能被网络犯罪分子攻击，从而造成个人隐私泄露、支付信息泄露或者系统瘫痪等问题，带来重大的损失。在这种情形下，互联网应用于制造业等传统行业，在产生更多新机遇的同时，也带来了严重的安全隐患。

想要解决网络安全问题，需要从两个方面入手：

（1）确保服务器的自主可控。服务器作为国家政治、经济、信息安全的核心，其自主化是确保行业信息化应用安全的关键，也是构筑中国信息安全长城不可或缺的基石。只有确保服务器的自主可控，满足金融、电信、能源等对服务器安全性、可扩展性及可靠性有严苛标准行业的数据中心和远程企业环境的应用要求，才能建立安全可靠的信息产业体系。

（2）确保 IT 核心设备安全可靠。目前，我国 IT 核心产品仍严重依赖国外企业，信息化核心技术和设备受制于人。只有实现核心电子器件、高端通用芯片及基础软件产品的国产化，确保核心设备安全可靠，才能不断把 IT 安全保障体系做大做强。

3. 协同服务技术

要了解协同服务技术，首先要了解什么是协同制造。

（1）协同制造

所谓协同制造指的是利用网络技术来实现供应链内及跨供应链间的企业产品设计、制造、管理和商务合作的技术。协同制造本质上是整合资源，实现共享、实现资源的合理利用。协同制造打破传统模式，最大限度地缩短了生产周期，能够快速响应客户的需求，提高了设计与生产的柔性。

按协同制造的组织分，协同制造分为企业内的协同制造（又称纵向集成）和企业间的协同制造。

按协同制造的内容分，协同制造又可分为协同设计、协同供应链、协同生产和协同服务。

（2）协同服务

协同服务是协同制造的重要内容之一。协同服务包括设备协作、资源共享、技术转移、成果推广和委托加工等模式的协作交互，通过调动不同企业的人才、技术、设备、信息和成果等优势资源，实现集群内企业的协同创新、技术交流和资源共享。

协同服务最大限度地减少了地域对智能制造服务的影响。通过企业内和企业间的协同服务，顾客、供应商和企业都参与到产品设计中，大大提高了产品的设计水平和可制造性，有利于降低生产经营成本，提高质量和客户满意度。

第五节　制造业未来发展趋势

高质量、高生产率一直是机械制造业追求的主要目标。21 世纪初机械制造业发展的总趋势可概括为“四化”：柔性化——工艺装备和工艺路线能适应生产各种品种的产品的需要，能适应快速更换工艺、更换产品的需要；敏捷化——使生产能力转化为产品并推向市场的准备时间最短；智能化——智能化既是柔性化、自动化的重要组成部分，又是其延伸及发展；信息化——将以物质和能量为主导的生产方式转化为以信息力量为主导，这一转变将使信息产业和智力产业成为主导产业。

21 世纪机械制造业的主要特征表现在以下几个方面：

其一，全球化。制造业的全球化，可以说是 21 世纪机械制造业最重要的发展趋势。近年来，在各种工业领域中，国际化经营不仅成为大公司而且已是中小规模企业取得成功的重要因素。一方面，由于国际和国内市场上的竞争越来越激烈，如在机械制造业中，国内外已有不少企业，甚至是知名度很高的企业，在这种无情的竞争中纷纷落败，有的倒闭，有的被兼并。不少暂时还在国内市场上占有份额的企业，不得不扩展新的市场。另一方面，由于网络通信技术的快速发展，提供了技术信息交流、产品开发和经营管理的国际化手段，推动了企业向着既竞争又合作的方向发展。这种发展进一步激化了国际市场的竞争。这两个原因的相互作用，已成为全球化制造业发展的动力。

其二，虚拟化。虚拟化是指设计过程中的拟实技术和制造过程中的虚拟技术。虚拟化可以大大加快产品的开发速度和减少开发的风险。

产品设计中的拟实技术指面向产品的结构和性能分析技术，以优化产品本身性能和成本为目标，包括产品的运动仿真、造型设计、人机工程学分析等。制造过程中的虚拟技术指面向产品生产过程的模拟和检验，检验产品的可加工性、加工方法和工艺的合理性，以优化产品的制造工艺、保证产品质量、生产周期和最低成本为目标，进行生产过程计划、组织管理及物流设计的建模和仿真。虚拟化的核心是计算机仿真，通过仿真软件来模拟真实系统，虚拟化软件有可能形成 21 世纪大的软件产业。

其三，智能化。在现代机械制造业中，人们不仅需要摆脱繁重的体力劳动，而且需要从烦琐的计算、分析等脑力劳动中解放出来，以便有更多精力从事高层次的创造性劳动。因此，生产制造系统的智能化是必然发展趋势，智能化将进一步提高柔性化和自动化水平，使生产系统具有更完善的判断与适应能力。

其四，绿色制造。已经颁布实施的国际质量标准和国际环保标准，为制造业提出了一个新的课题，就是快速实现制造的绿色化。绿色制造是指通过绿色生产过程（绿色设计、绿色材料、绿色设备、绿色工艺、绿色包装、绿色管理）生产出绿色产品，产品使用完再通过绿色处理后加以回收利用。采用绿色制造能最大限度地减少制造对环境的负面影响，同时原材料和能源的利用效率能达到最高。

今天，传统的制造业从其他学科吸取营养，与其他新兴产业相结合，正在发展成为一门技术含量高、附加值大的产业。21 世纪的机械制造业是以信息为主导，采用先进生产模式、先进制造系统、先进制造技术和先进组织管理形式的全新的机械制造业。

参考文献

[1] 廖丰政 . 机械自动化的技术要点与数控技术应用 [J]. 时代汽车 , 2023, (23): 19-21.

[2] 李雪凝 . 机械设计制造及其自动化技术的智能应用分析 [J]. 机械管理开发 , 2023, 38 (11): 91-92.

[3] 赵志强 . 微型丝杆自动测试装置的机械设计与制造及其自动化应用研究 [J]. 价值工程 , 2023, 42 (33): 121-123.

[4] 阿尔孜古丽·吾买尔 , 张锋 . 自动化技术在农业机械设计制造中的运用 [J]. 数字技术与应用 , 2023, 41 (11): 23-25.

[5] 任磊 . 自动化技术在汽车机械制造中的应用探析 [J]. 专用汽车 , 2023, (11): 69-71.

[6] 陆菁菁 . 机电自动化在工程机械制造中的应用 [J]. 中国设备工程 , 2023, (21): 212-215.

[7] 李金龙 . 基于智能自动化技术的机械设计研究 [J]. 模具制造 , 2023, 23 (11): 178-180.

[8] 吕潇丽 , 贺子轩 , 刘峥嵘 . 机械自动化技术及其在机械制造中的应用 [J]. 模具制造 , 2023, 23 (11): 181-183.

[9] 毛曙宇 . 高职机械制造及自动化专业教学问题及对策 [J]. 时代汽车 , 2023, (22): 81-83.

[10] 郭颢琪 . 汽车驾驶中的机械自动化技术应用研究 [J]. 现代工业经济和信息化 , 2023, 13 (10): 133-135.

[11] 王涛 , 苏玉珍 , 高健等 . 机械制造及自动化专业群教学资源库中高本贯通模式研究 [J]. 当代农机 , 2023, (10): 102-104.

[12] 肖传栋 , 于海霞 , 许少娟 . 自动化焊接技术在机械制造中的实践 [J]. 科技资讯 , 2023, 21 (20): 74-77.

[13] 田鑫 . 自动化控制技术在机械制造工艺中的应用 [J]. 电子技术 , 2023, 52 (10): 338-339.

[14] 庄志鑫 . 人工智能在汽车配件设计制造及其自动化中的应用探析 [J]. 专用汽车 , 2023, (10): 72-74.

[15] 罗国荣 , 戚金凤 . 民办职业本科机械设计制造及自动化专业人才培养研究 [J]. 北京工业职业技术学院学报 , 2023, 22 (04): 54-58.

[16] 徐菊芳 . “三高四新”战略下高职机械制造及自动化专业学生职业能力升级的对策研究 [J]. 造纸装备及材料 , 2023, 52 (10): 206-208.

[17] 张武强 . 机械设计制造及其自动化的应用及发展方向 [J]. 造纸装备及材料 , 2023, 52 (10): 70-72.

[18] 罗长威 . 自动化技术在机械设计制造中的应用及优化措施 [J]. 造纸装备及材料 , 2023, 52 (10): 67-69.

[19] 罗玉江 , 罗震峰 , 吴康平 , 等 . 机械制造与自动化专业教育中的产学合作模式研究与实践：以纺织领域为例 [J]. 化纤与纺织技术 , 2023, 52 (10): 225-227.

[20] 杜劲 , 衣明东 , 宋明 . 面向产出的内部评价机制研究与应用：以机械设计制造及其自动化专业为例 [J]. 教育教学论坛 , 2023, (41): 129-132.

[21] 陈文彬 . 智能制造背景下高职人才培养模式改革研究 [D]. 江西科技师范大学 , 2020.

[22] 刘静 , 朱花 , 常军然 , 等 . 机械设计综合实践 [M]. 重庆大学出版社 , 2020.

[23] 侯江华 . 面向工程教育认证的专业改革与实践 [D]. 河南科技学院 , 2020.

[24] 李红梅 , 刘红华 . 机械加工工艺与技术研究 [M]. 云南大学出版社 , 2019.

[25] 李伟 . 智能制造背景下高职人才培养模式改革研究 [D]. 华东师范大学 , 2018.

[26] 邓小雷 . 数控机床主轴系统热态特性分析技术 [M]. 浙江大学出版社 , 2017.

[27] 车慧萍 . 机械设计制造及其自动化专业职教师资培养质量评价标准的研究 [D]. 广东技术师范学院 , 2016.

[28] 黄新燕 , 曹春平 .. 机床数控技术及编程 [M]. 人民邮电出版社 , 2015.

[29] 张英 . 基于 CDIO 理念我国机械设计制造及其自动化专业本科课程体系研究 [D]. 浙江大学 , 2014.

[30] 马晓辉 . 基于 PLC 的夹具自动化教学实验系统的开发 [D]. 华中科技大学 , 2007.